Nadel & Faden

POLSTERN

Nadel & Faden

POLSTERN

LINDA FLANNERY & JANE McDONALD

KÖNEMANN

© Copyright 1994 Merehurst Limited,
Ferry House, 51–57 Lacy Road,
Putney, London SW15 1PR

Originaltitel: Take up – Upholstery

Gestaltung: Kit Johnson
Fotos: Jon Bouchier
Illustrationen: Paul Bryant
Logo: King & King Design Associates

©1999 für die deutsche Ausgabe:
Könemann Verlagsgesellschaft mbH,
Bonner Straße 126, D-50968 Köln

Übersetzung: Astrid Ogbeiwi für folio
Redaktion und Satz: folio · Marion Voigt

Projektkoordination: Marten Brandt
Herstellungsleiter: Detlev Schaper
Herstellungsassistenz: Ursula Schümer

Druck und Bindung:
Sing Cheong Printing Co., Ltd.
Printed in
Hong Kong/China

ISBN 3-8290-2308-1

10 9 8 7 6 5 4 3 2 1

Für Gordon und Aidan

INHALT

P O L S T E R N – *beunruhigt Sie der Gedanke, weil Sie nicht wissen, womit Sie beginnen sollen? Dabei ist es überraschend einfach, sobald Sie die Grundtechniken beherrschen. Dieser Band vermittelt Ihnen, wie man gurtet, polstert, garniert und heftet, und zeigt, wie Sie Sessel, Schemel und sogar eine Chaiselongue selbst polstern können. Frischen Sie Ihre Möbel mit Stoffen Ihrer Wahl auf. Polsterarbeiten machen großen Spaß – lassen Sie sich von diesem Buch dabei helfen, und Sie werden schon bald bequem sitzen!*

WERKZEUG & MATERIAL

*Das Werkzeug, das man zum Polstern braucht, ist relativ einfach
zu handhaben und preiswert. Vielleicht kommen Sie am Anfang sogar mit
dem einen oder anderen Teil aus, das Sie bereits zu Hause haben.
Je professioneller Sie aber arbeiten, desto mehr wird Ihnen
das geeignete Werkzeug seinen Preis wert sein.*

Auf den folgenden Seiten finden Sie eine Liste sowie Abbildungen der Werkzeuge und Materialien, die für die Arbeiten in diesem Buch verwendet wurden. Alle Artikel sind im Fachhandel erhältlich. Haben Sie sich einen Bestand an Werkzeug zugelegt, pflegen Sie ihn gut. Bewahren Sie das Werkzeug griffbereit in einer Ta- sche oder einem Kasten auf. So ist es im- mer zur Hand, wenn Sie es brauchen. Bevor Sie mit einer Arbeit aus diesem Buch be- ginnen, vergewissern Sie sich, daß Ihnen alle benötigten Werkzeuge und Materialien in der erforderlichen Qualität und in ausreichender Menge zur Verfügung stehen.

WERKZEUGE

LOSSCHLAGEISEN
Wird mit einem Holzhammer zum Entfernen von Nägeln verwendet. Am praktischsten sind die Eisen mit geknicktem Schaft.

HOLZHAMMER
Geeignet ist jeder Holzhammer. Mit Hammer und Losschlageisen entfernen Sie alte Nägel.

SCHERE
Ideal sind zwei Scheren – eine Schneiderschere zum Zuschneiden und eine kleine spitze Stickschere, um Fäden zu kürzen.

GEISSFUSS (NAGELHEBER)
Dient vor allem zum Entfernen von Hilfsnägeln, kann aber auch festsitzende alte Nägel herausheben.

GURTSPANNER
Dieses Werkzeug ist wichtig zum Spannen der Gur- tung. Hier wird der Gurt eingezogen.

MAGNETHAMMER
Bei diesem doppelköpfigen Polstererhammer ist eine Seite magnetisch und hält die Nägel fest.

HAARZIEHER
Die lange, oben abgeflachte Nadel dient zum Ein- arbeiten der Polsterwatte an engen Stellen. Gehen Sie mit dem Haarzieher vorsichtig um, denn die Spit- ze ist sehr scharf. Stecken Sie einen Korken darauf, wenn Sie nicht mit dem Haarzieher arbeiten.

NADELN
Gebogene Nadel: Sie ist leicht gerundet und hat eine geschliffene Spitze, damit man durch die Pol- sterwatte hindurch nähen kann.
Rundnadel: Hier wurden 7,5 cm und 10 cm lange Matratzennadeln sowie eine 7,5 cm lange Schnür- nadel verwendet.
Doppelspitznadel: Sie ist an beiden Enden spitz und wird für Blindstich, Fixierstich und beim Gar- nieren verwendet. Am praktischsten ist eine 25 cm lange Nadel. Gehen Sie sehr vorsichtig damit um und decken Sie die Spitzen zum Aufbewahren ab.

POLSTERSTECKER UND STECKNADELN
Stecknadeln zum Polstern sind stärker und länger als die zum Nähen. Polsterstecker haben eine Länge von 10 cm und einen Plastikkopf am Ende.

SCHNEIDERKREIDE
Sie ist unentbehrlich zum Markieren des Bezugsstoffes und wird später einfach ausgebürstet.

MASSBAND
Es gibt Maßbänder aus Metall oder aus Gewebe. Beides zu haben, ist von Vorteil.

NÄGEL
Nägel sind in vielen Größen erhältlich, ›fein‹ und ›verstärkt‹. Letztere haben einen stärkeren Kopf.

ANGESCHLIFFENE NÄGEL
Diese sehr feinen Nägel gibt es in vielen Farben, passend zum Bezugsstoff, zur Borte oder Litze.

GARNIERFADEN
Man bekommt mehrere Stärken und Qualitäten. Für die Arbeiten hier wurde Stärke 2 verwendet.

SCHNÜRFADEN
Kräftiger Zwirn zum Schnüren der Sprungfedern

FEDERN
Traditionell gebraucht man in der Polsterei Sprungfedern in verschiedenen Größen und Stärken. Die moderneren Nosagfedern werden mit speziellen Halterungen am Rahmen befestigt.

GEWACHSTER HANDNÄHFADEN
In verschiedenen Farben erhältlich. Gewachster Faden ist stärker als ungewachster Faden.

MATERIAL

GURTUNG
Es gibt festere schwarzweiße oder Jutegurte.

FEDERLEINEN
Im allgemeinen verwendet man, je nach Art der Arbeit, die 315 g oder die 375 g schwere Qualität.

FASSONLEINEN
Lose gewebtes Federleinen zum Abdecken der ersten einlasierten Schicht vor dem Garnieren.

PALMFASER UND ROSSHAAR
Eine grobe Pflanzenfaser für das erste Einlasieren. Sie kommt auch noch statt (teurem) Roßhaar für die Pikierung in Frage. Hier wurde Palmfaser zum Einlasieren und für die Pikierung verwendet.

POLSTER- UND DUNKLE BAUMWOLLWATTE
Die dunkle Baumwollwatte ist eine einfachere Qualität der hellen, weicheren und feineren Polsterwatte, die immer die oberste Lage bilden sollte. Sie liegt 67,5 cm breit, was meist ausreicht.

DIOLENWATTE
Diese Kunstfaser gibt es in verschiedenen Stärken, z. B. mit einem Gewicht von 60 g, 125 g und 280 g.

NESSEL
Ein ungebleichter Baumwollstoff für die letzte Abdeckung unter dem Bezugsstoff. Nessel wird in vielen Breiten verkauft, paßt also immer.

SPANNSTOFF
Dem Nessel ähnlich, aber von minderer Qualität, bedeckt der Spannstoff die Unterseite des Möbelstücks. Er ist in vielen Breiten erhältlich.

KEDERSCHNUR
Eine Baumwollschnur für dekorative Elemente an Sesselbezügen und Kissen

SCHAUMSTOFF
Schaumstoff muß flammhemmend ausgerüstet sein.

BORTE UND LITZE
Für die Dekoration. Borte hat einen glatten Rand, Litze, gezackt, läßt sich leichter um Ecken führen.

BEZUGSSTOFFE
Hier haben Sie die Wahl unter vielen verschiedenen Qualitäten. Lassen Sie sich vor dem Kauf von Ihrem Polsterer beraten. Alle Polsterstoffe müssen flammhemmend ausgerüstet sein.

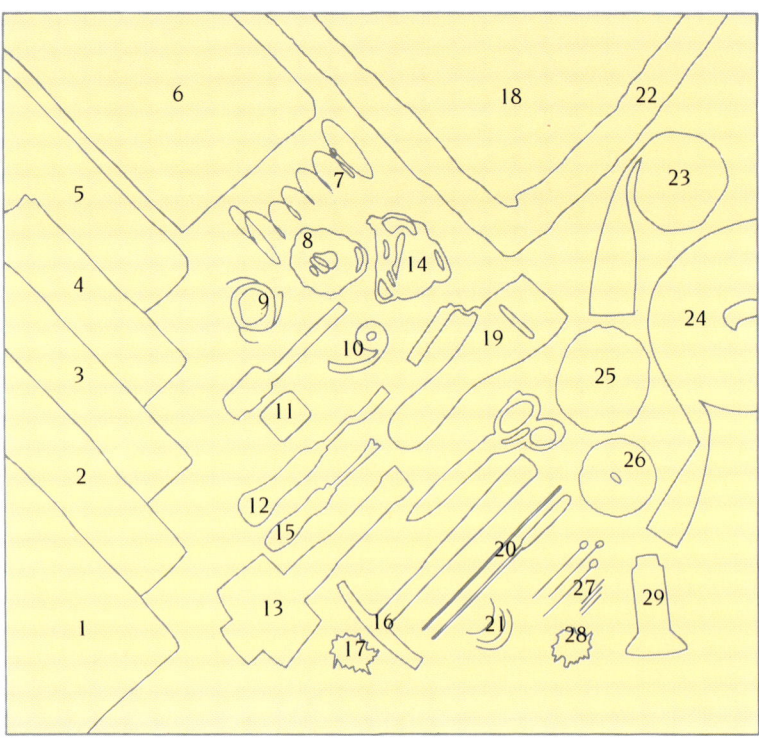

WERKZEUG UND AUSSTATTUNG

1. Fassonleinen (315 g)
2. Spannstoff
3. Nessel
4. Federleinen
5. Diolenwatte (60 g)
6. Schaumstoff
7. Sprungfeder
8. Kederschnur
9. gewachster Zwirn
10. Maßbänder
11. Schneiderkreide
12. Losschlageisen
14. Borte und Litze
15. Geißfuß (Nagelheber)
16. Magnethammer

17. Nägel
18. dunkle Baumwollwatte
19. Gurtspanner
20. Haarzieher und Doppelspitz-nadel
21. Rundnadeln
22. Baumwollwatte
23. Jutegurt
24. Schwarzweiß-Gurt
25. Schnürfaden
26. Garnierfaden (Zwirn)
27. Polsterstecker und Steck-nadeln
28. angeschliffene Nägel
29. Handnähfaden (Zwirn)

Abschlagen und Vorbereiten des Rahmens

*Bevor Sie mit dem Neupolstern eines Möbels
beginnen, entfernen Sie zunächst das alte Polster und prüfen
dann den Zustand des Rahmens.*

Haben Sie ein Möbelstück gefunden, das Sie neu polstern möchten? Dann sehen Sie es sich genau an. Halten Sie seinen Zustand fest und notieren Sie beim Abschlagen die Reihenfolge der einzelnen Polsterlagen. Das alte Material werden Sie wohl nicht wieder verwenden können, mit Ausnahme des Roßhaars vielleicht, das gewaschen und getrocknet werden muß. (Füllen Sie es in einen alten Kissenbezug, den Sie von Hand waschen und an der Sonne trocknen lassen.)

Die alte Polsterung abschlagen

Drehen Sie Ihr Möbelstück um und entfernen Sie als erstes den Spannstoff unter der Gurtung. Setzen Sie das Losschlageisen an den ersten Nagelkopf und schlagen Sie mit dem Holzhammer gegen den Griff. Hebt sich der Nagel, senken Sie den Griff und schlagen sanfter dagegen, bis der Nagel ganz entfernt ist. Gehen Sie bei Nägeln, die dicht am (polierten) Sichtholz sitzen, besonders sorgfältig vor. Schauen Sie auf den Nagel und nicht auf den Griff des Losschlageisens und halten Sie das Gesicht in sicherem Abstand vom Möbelstück! Entfernen Sie dann ebenso die Gurtung. Versuchen Sie immer, mit der Holzmaserung zu arbeiten, damit das Holz nicht zu sehr leidet. Tragen Sie bei dieser staubigen und schmutzigen Arbeit einen Atemschutz.

Es ist so gut wie unmöglich, einen Stuhl abzuschlagen, ohne dabei hin und wieder Holzsplitter abzulösen. Heben Sie diese auf und kleben Sie sie nach der Arbeit mit Holzkleber wieder fest.

Entfernen Sie zuerst die Gurtung, drehen Sie den Sessel dann wieder richtig herum und entfernen Sie auf die gleiche Weise Lage um Lage der alten Polsterung. Schere und Geißfuß sind Ihnen eine große Hilfe, je kniffliger die Arbeit wird. Schreiben Sie sich während des Abziehens die einzelnen Polsterlagen auf, damit Sie beim Neupolstern die richtige Reihenfolge einhalten können.

Den Rahmen vorbereiten

Prüfen Sie nach dem Entfernen der Polsterung den Zustand des Rahmens. Fällt beim Umdrehen Sägemehl heraus, deutet das auf Holzwurmbefall; behandeln Sie das Holz mit einem geeigneten Mittel nach den Anweisungen auf der Dose. Füllen Sie alle Nagellöcher mit einer recht festen Mischung aus Sägemehl und Holzkleber, die Sie auf die Oberfläche streichen. Achten Sie darauf, daß jedes Loch aufgefüllt wird. Abschleifen oder Lackieren ist nicht nötig; denn dieser Teil des Rahmens ist nach Abschluß Ihrer Polsterarbeit nicht mehr zu sehen. Befindet sich der Rahmen in schlechtem Zustand, hat er abgesplitterte oder rissige Stellen, tränken Sie einige Streifen Federleinen in Holzkleber und umwickeln Sie den Rahmen damit. Sind Steckverbindungen locker oder gebrochen, müssen Sie den Sessel zu einem Restaurator oder Schreiner bringen, bevor Sie mit den Polsterarbeiten beginnen können.

◆ *Einen Rahmen abschlagen (rechts)*

QUERSCHNITT EINES STUHLSITZES

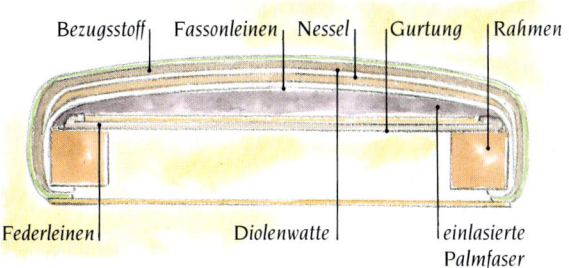

Bezugsstoff | Fassonleinen | Nessel | Gurtung | Rahmen

Federleinen | Diolenwatte | einlasierte Palmfaser

◆ Beim Abschlagen eines Möbelstücks die Reihenfolge der verschiedenen Polsterlagen notieren. Das hilft beim Neupolstern.

GURTUNG ENTFERNEN

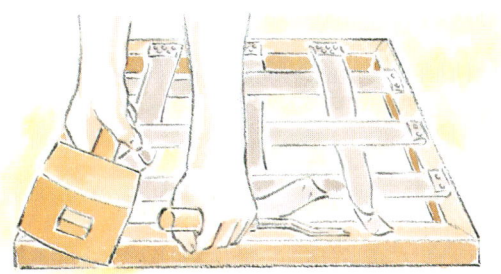

◆ Das Losschlageisen gegen einen Nagelkopf setzen und mit dem Holzhammer gegen den Griff schlagen. Hebt sich der Nagel, den Griff senken. Bei allen Nägeln am Sitzrahmen wiederholen, bis die Gurtung vollständig entfernt ist.

GURTUNG

*Die richtige Gurtung ist als Grundlage
jeder Polsterung von entscheidender Bedeutung!
Mit dieser Anleitung gurten Sie perfekt.*

Markieren Sie an allen vier Zargen des Rahmens mit einem Bleistift die Mitte. Berechnen Sie die zum Füllen des Rahmens benötigte Zahl von Gurten. Der Abstand zwischen diesen sollte ca. 5 cm betragen. Man arbeitet von hinten nach vorn. Befestigen Sie den ersten Gurt in der Mitte der Hinterzarge. Legen Sie dazu den Anfang einer Gurtrolle ca. 2,5 cm breit um und nageln Sie den Umschlag mit 13 mm langen, verstärkten Nägeln und einem Magnethammer an der hinteren Mitte fest. Setzen Sie die Nägel in W-Form, damit das Holz nicht springt. Verwenden Sie bei schwereren Möbeln 16 mm lange, verstärkte Nägel.

Halten Sie den Gurtspanner so, daß der Griff zum Sessel hin zeigt, und ziehen Sie eine Gurtschlaufe von unten durch das Loch im Spanner. Stecken Sie das Hölzchen des Spanners durch die Schlaufe. Spannen Sie den Gurt über die vordere Rahmenmitte und ziehen Sie den Griff kräftig in Ihre Richtung. Schlagen Sie drei 13 mm lange, verstärkte Nägel im Abstand von je 2,5 cm in V-Form durch den gespannten Gurt. Legen Sie den Gurt nach oben um, schlagen Sie zwei weitere Nägel neben die darunter sitzenden.

Befestigen Sie die quer verlaufenden Gurte am Rahmen. Flechten Sie die losen Gurte über und unter die bereits befestigten und fixieren Sie sie mit fünf 13 mm langen verstärkten Nägeln pro Gurtende.

◆ *Die Gurtung spannen (unten)*

1 ◆ Den Anfang einer Gurtrolle etwa 2,5 cm breit umlegen und diesen Umschlag mit 13 mm langen, verstärkten Nägeln an der hinteren Mitte festnageln. Die Nägel in Form eines W setzen.

2 ◆ Den Gurtspanner so halten, daß der Griff zum Rahmen hin zeigt, und eine Gurtschlaufe von unten durch das Loch im Spanner ziehen. Das Hölzchen des Spanners durch die Schlaufe stecken.

3 ◆ Den Gurt über die vordere Rahmenmitte spannen und den Spannergriff zu sich hin ziehen. Drei 13 mm lange, verstärkte Nägel im Abstand von je 2,5 cm in V-Form durch den gespannten Gurt schlagen. Den Gurt nach oben umlegen und zwei weitere Nägel neben die darunter sitzenden schlagen.

4 ◆ Die quer verlaufenden Gurte über und unter die bereits gespannten Längsgurte flechten und die Enden wie zuvor beschrieben festnageln.

FEDERLEINEN & LASIERSTICH

*Das Federleinen deckt die Gurtung ab und
stützt die Polsterung. Sind Lasierstiche auf das Federleinen
genäht, können Sie die Palmfaser einlasieren.*

Das Federleinen anbringen

Schneiden Sie ein Stück Federleinen (315 g
oder 375 g) rundum etwa 5 cm größer zu, als
Sie zum Abdecken Ihres gegurteten oder
unterfederten Rahmens brauchen. Falten Sie
einen etwa 2,5 cm breiten Saum und hämmern Sie
ihn mit 13-mm-Nägeln (verstärkte bei schweren, feine
bei leichten Rahmen) an die hintere Rahmenmitte.
Schlagen Sie die Nägel noch nicht ganz ein und halten Sie das Leinen fadengerade. Spannen Sie es über
die Vorderzarge und setzen Sie vorn den ersten Nagel exakt dem in der hinteren Mitte gegenüber. Schlagen Sie je einen Nagel in die Mitte der Seitenzargen. Ziehen Sie das Federleinen in den Ecken straff und fixieren Sie mit einem Nagel. Setzen Sie nun im Abstand von je 5 cm weitere Nägel. Liegt das Leinen straff und fadengerade, schlagen Sie die Nägel ganz ein. Falten Sie den Saum (Reststoff abschneiden) und nageln Sie ihn zwischen den daruntersitzenden Nägeln fest.

◆ *Die Gurtung spannen (unten)*

FEDERLEINEN ANBRINGEN

1 ◆ Das Federleinen etwa 5 cm größer als der Rahmen zuschneiden. Einen etwa 2,5 cm breiten Saum lose an die Hinterzarge nageln. Das Leinen vorne exakt gegenüber dem ersten Nagel fixieren.

2 ◆ Das Leinen an beiden Seiten in der Mitte festnageln. Dann jede Ecke mit einem Nagel fixieren und weitere Nägel im Abstand von je 5 cm um den ganzen Rahmen herumsetzen.

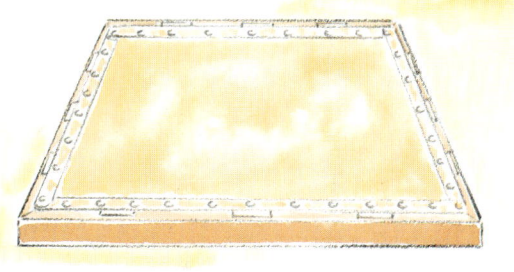

3 ◆ Das überstehende Federleinen vorsichtig und sorgfältig bis auf etwa 4 cm an die Nägel heran abschneiden.

4 ◆ Den Saum an allen Rahmenseiten umlegen und festnageln. Die oberen Nägel stets zwischen die unteren setzen. Das Leinen sollte jetzt glatt auf dem Rahmen fixiert sein.

1 ◆ Eine Nadel mit eingefädeltem Garnierfaden in das Federleinen und wieder heraus stechen, so daß beide Fadenenden sichtbar sind.

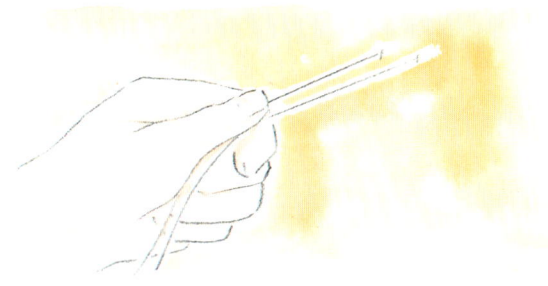

2 ◆ Die beiden Fadenenden zwischen Daumen und Zeigefinger halten und straffziehen.

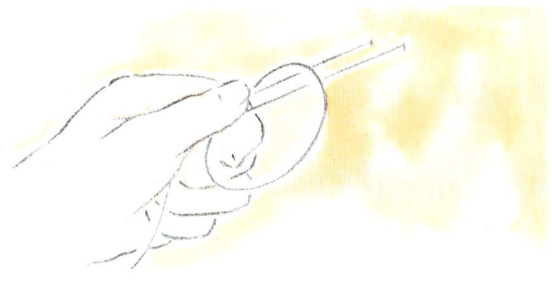

3 ◆ Nun das rechte Fadenende über das linke schlagen. Beide immer noch gespannt halten.

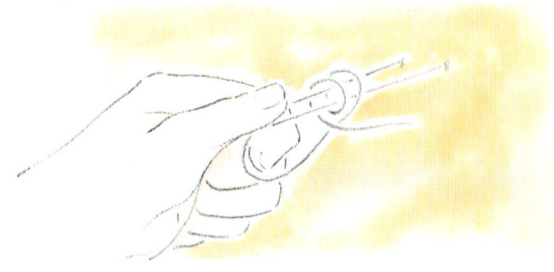

4 ◆ Das rechte Fadenende zweimal um beide Fäden wickeln und durch die in Schritt 2 entstandene Schlaufe ziehen.

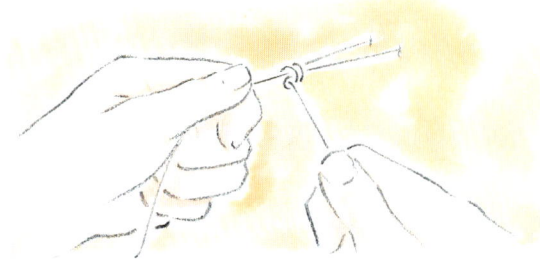

5 ◆ Den Faden straffziehen, so daß die Schleifen einen Knoten bilden.

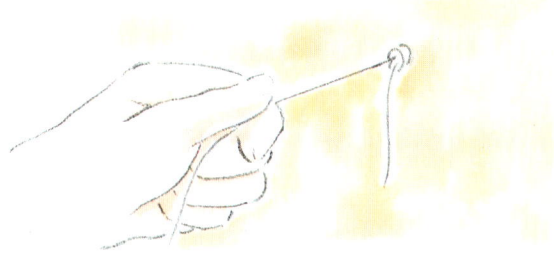

6 ◆ Den rechten Faden loslassen und am linken ziehen: Der Knoten sitzt jetzt auf dem Federleinen.

Lasierstiche aufbringen

Fädeln Sie Garnierfaden in eine Rundnadel. Er sollte so lang sein, daß Sie ihn mehrfach straff um den Rahmen wickeln können. Knüpfen Sie in der oberen linken Ecke des Leinens einen Zugknoten (siehe links). Setzen Sie nun große Stiche in Mäandern auf das gesamte Leinen. Diese Lasierstiche fixieren die Palmfaser. Sichern Sie den Faden mit einem Zugknoten.

Das Einlasieren der Palmfaser

Verarbeiten Sie immer nur eine Handvoll Palmfaser auf einmal. Stopfen Sie sie unter die Lasierstiche und darum herum. Arbeiten Sie von hinten nach vorne: Verteilen Sie die Faser, pressen Sie sie zusammen und drücken Sie sie fest nach unten. Vermeiden Sie, daß Lücken entstehen. Die fertig einlasierte Sitzfläche sollte sich dick und fest anfühlen und gewölbt sein.

LASIERSTICHE AUFBRINGEN

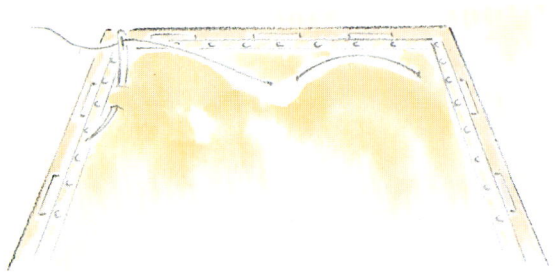

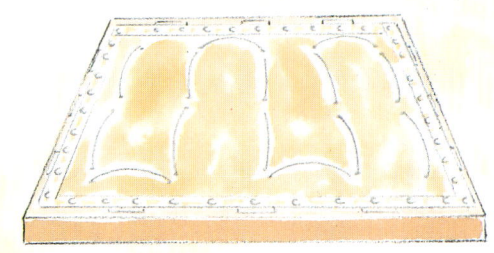

1 ◆ Mit einer Rundnadel und Garnierfaden große Vorstiche in Mäandern auf das gesamte Federleinen setzen. Dabei in der linken oberen Ecke des Leinens beginnen.

2 ◆ Ist die gesamte Federleinwand mit Lasierstichen versehen, das Fadenende mit einem Zugknoten sichern und Überstehendes abschneiden.

EINLASIEREN DER PALMFASER

1 ◆ Die Palmfaser portionsweise unter jeden Lasierstich und um ihn herum schieben. Von hinten nach vorne arbeiten. Die Faser einlasieren und gut festdrücken.

2 ◆ Darauf achten, daß beim Einlasieren keine Lücken entstehen. Die fertig lasierte Sitzfläche sollte sich fest und dick anfühlen und in der Mitte gewölbt sein.

FASSONLEINEN & GARNIERUNG

Eine Lage Fassonleinen deckt die Palmfaser ab.
Ihre Form erhält die Sitzfläche dann durch das Abgarnieren
des Fassonleinens.

Das Fassonleinen anbringen

Fassonleinen ist ein locker gewebtes Federleinen zum Abdecken und Formen der Palmfaserauflage (nicht aber von Sprungfedern).
Schneiden Sie ein Stück in der Größe der
Sitzfläche plus 5 cm Saumzugabe zu. Legen Sie es
über die Palmfaser. Schlagen Sie auf jeder Seite drei

13 mm lange, verstärkte Nägel provisorisch
ein. Das Leinen muß fadengerade und straff
liegen, und die Palmfaserauflage darunter
muß fest sein. Wo nötig, verschieben Sie die
Auflage mit einem Haarzieher (s. u.). Schneiden Sie Ecken zurecht (s. S. 34). Nageln Sie das Fassonleinen von der Mitte nach außen fest.

FASSONLEINEN ANBRINGEN

1 ◆ Ein Stück Fassonleinen in der Größe der Sitzfläche plus 5 cm Zugabe zuschneiden und über
die Palmfaserauflage legen. Das Fassonleinen an
drei Stellen auf jeder Seite mit 13 mm langen,
verstärkten Nägeln provisorisch festnageln.

2 ◆ Darauf achten, daß das Fassonleinen straff
und fadengerade liegt und die Palmfaserauflage
fest ist. Ecken ausschneiden (s. S. 34), dann auf
jeder Rahmenseite von der Mitte aus 13 mm
lange, verstärkte Nägel einschlagen.

Mit dem Haarzieher umgehen

Der Haarzieher gehört zu den nützlichsten Werkzeugen des Polsterers. Man schiebt damit die Palmfaserauflage unter dem Fassonleinen für die gewünschte Sitzform zurecht. Dazu sticht man den Haarzieher zu etwa einem Drittel seiner Länge durch das Leinen in die Palmfaser. Mit kreisförmigen Bewegungen können Sie die Palmfaser unter dem Leinen an die gewünschte Stelle ziehen, etwa um Lücken zu füllen.

Vorderstiche

Fädeln Sie einen mindestens 2 m langen Garnierfaden in eine Doppelspitznadel. Stechen Sie die Nadel in etwa 10–15 cm Abstand vom Rand der Sitzfläche durch Fassonleinen und Palmfaserauflage, so daß Sie unter dem Federleinen herauskommen. Stechen Sie die Nadel mit der hinteren Spitze voran wieder nach oben durch den Sitz hindurch. Knüpfen Sie einen Zugknoten (s. S. 18). Führen Sie die Nadel nun in großen Stichen durch Leinen und Palmfaser vor und zurück. Es entsteht parallel zur Stuhlkante eine Reihe großer Stiche. Diese Vorderstiche fixieren die Palmfaser, wenn Sie den Rand abnähen. Schlagen Sie die Saumzugabe des Leinens um und nageln Sie sie sorgfältig in den Zwischenräumen der ersten Nagelreihe fest. Schneiden Sie überstehendes Leinen ab.

PALMFASER VERZIEHEN	VORDERSTICHE

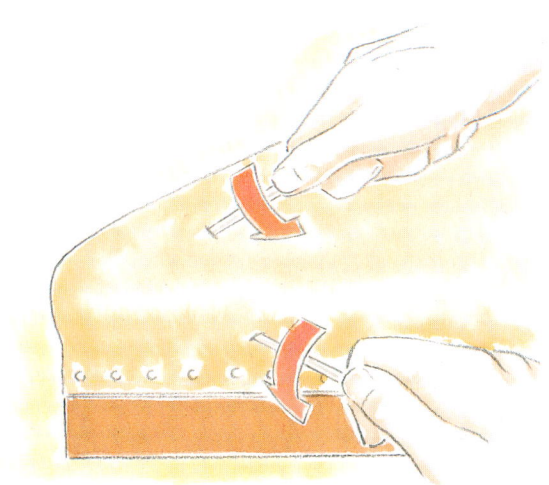 

◆ Den Haarzieher zu einem Drittel seiner Länge durch das Fassonleinen in die Palmfaser stechen. Die Palmfaser dann mit kreisförmigen Bewegungen unterhalb der Leinwand verziehen. So lassen sich Lücken füllen, und die Palmfaser wird gleichmäßig verteilt. Darauf achten, daß während des Verziehens nicht weitere Lücken entstehen.

◆ Eine Doppelspitznadel mit 2 m Garnierfaden in einem Abstand von etwa 10–15 cm vom Rand der Sitzfläche durch Fassonleinen und Palmfaserauflage stechen. Die Nadel dann für den ersten Stich mit der hinteren Spitze voran wieder nach oben durch Leinen und Palmfaser hindurch führen. Den Stich mit einem Zugknoten sichern (s. S. 18). Auf diese Weise eine Reihe langer Vorstiche parallel zur Kante um die gesamte Sitzfläche herum setzen. Durch diese Reihe Vorderstiche bleibt die Palmfaserauflage kompakt und in Form.

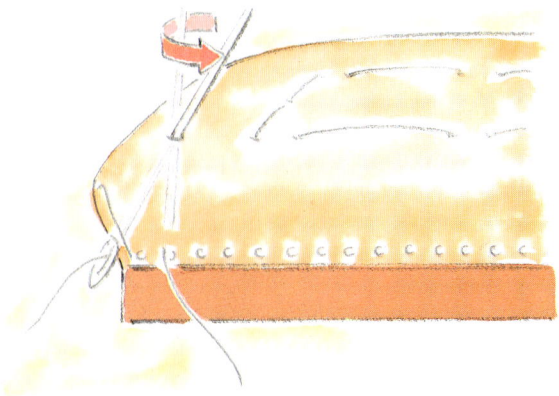

1 ◆ Garnierfaden, dreimal so lang wie der Stuhlumfang, in eine Doppelspitznadel fädeln. Der Stich wird von links nach rechts gearbeitet. Daher etwa 2,5 cm vom linken Rand dicht über der Nagelreihe einstechen und die Nadelspitze an der Oberseite des Fassonleinens ungefähr 10 cm vom Rand wieder herausführen.

2 ◆ Die Nadel in die Polsterung hineinziehen. Ist das Öhr im Polster, die Nadel entgegen dem Uhrzeigersinn drehen. Dann mit dem Öhr voran in der Ecke der Sitzfläche ausstechen.

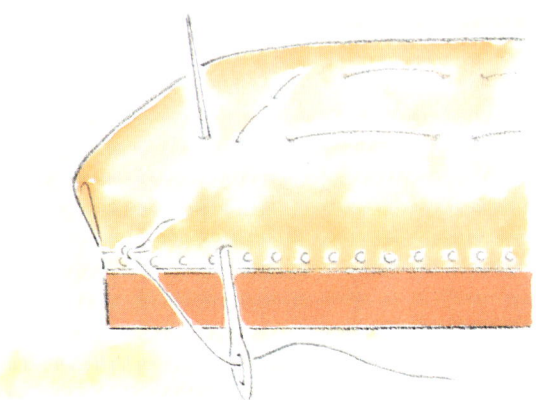

3 ◆ Einen Zugknoten (s. S. 18) knüpfen, festziehen und so den Faden sichern. Etwa 4 cm rechts vom Knoten einstechen. Die Nadel in der Polsterung wie zuvor beschrieben drehen und halb wieder ausstechen.

4 ◆ Das vom Knoten ausgehende Fadenstück dreimal um die Nadel wickeln. Die Nadel dann zum Körper ziehen, ins Leinen stecken und den Stich mit kurzem Rucken festziehen.

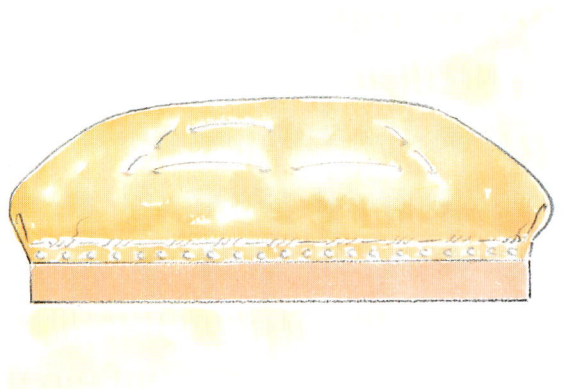

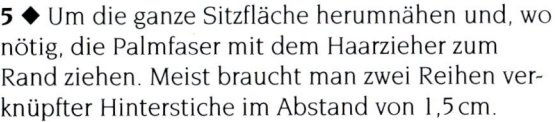

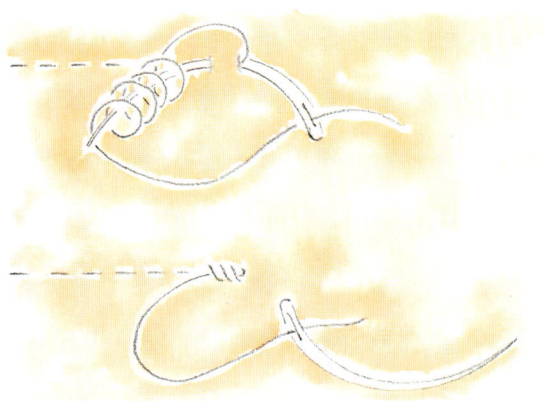

5 ◆ Um die ganze Sitzfläche herumnähen und, wo nötig, die Palmfaser mit dem Haarzieher zum Rand ziehen. Meist braucht man zwei Reihen verknüpfter Hinterstiche im Abstand von 1,5 cm.

◆ Beim letzten Stich, bevor die Nadel aus dem Stoff gezogen wird, den Faden drei- oder viermal um die Nadelspitze wickeln. Die Nadel durch diese Schlingen ziehen, damit sich der Knoten strafft. Vor dem Abschneiden des Fadens den Knoten durch zwei weitere kleine Vorstiche sichern.

Der verknüpfte Hinterstich

Schneiden Sie für das Abgarnieren Ihrer Sitzfläche zunächst ein Stück Garnierfaden in der dreifachen Länge des Stuhlumfangs zu. Arbeiten Sie mit einer Doppelspitznadel von links nach rechts. Fädeln Sie ein und stechen Sie die Nadel etwa 2,5 cm vom linken Rand dicht über der Nagelreihe in die Sitzfläche. Die Nadelspitze sollte etwa 10 cm vom Rand durch das Fassonleinen stoßen. Ziehen Sie die Nadel nicht ganz durch die Palmfaserauflage hindurch, sondern drehen Sie sie gegen den Uhrzeigersinn und stechen Sie wieder zurück, so daß das Nadelöhr in der linken unteren Ecke herauskommt. Knüpfen Sie einen Zugknoten und ziehen Sie ihn fest.

Das kreisförmige Drehen der Nadel bewirkt, daß die Palmfaser beim Nähen zum Rand der Sitzfläche geschoben wird. Stechen Sie die Nadel 4 cm rechts vom Knoten erneut ein. Drehen Sie die Nadel erneut und stechen Sie durch die Palmfaser mit dem Öhr voran wieder aus, bis die Nadel etwa zur Hälfte herausschaut. Wickeln Sie nun das Fadenstück, das vom Knoten wegführt, dreimal im Uhrzeigersinn um die Nadel. Ziehen Sie die Nadel in Ihre Richtung heraus und stecken Sie sie in der Leinwand fest, während Sie den Stich mit kurzem Rucken festziehen.

Nähen Sie so um die ganze Sitzfläche herum und ziehen Sie die Palmfaser dabei jedes Mal zum Rand hin. Beenden Sie die Reihe Hinterstiche mit einem Doppel- oder einem Schlingknoten. Sichern Sie einen Schlingknoten immer durch zwei weitere Stiche, damit er nicht aufläuft.

Meist braucht man für eine Sitzfläche zwei Reihen verknüpfter Hinterstiche, bevor die Kante abgarniert wird. Jede Reihe sollte 1,5 cm über der anderen liegen. Achten Sie darauf, daß Sie an jeder Ecke so viel Palmfaser zum Rand schieben, daß ein rechter Winkel entsteht. Die Faser sollte dicht und fest einlasiert sein, ohne Lücken und Hohlräume.

Garnierstiche

Die letzte Naht bewirkt eine feste Kante und eine stabile Form. Die Stiche ähneln dem verknüpften Hinterstich, aber die Nadel wird ganz durch die Palmfaser hindurchgezogen, damit auf beiden Seiten der Kante eine Naht entsteht. Schneiden Sie Garnierfaden in der Länge des vierfachen Stuhlumfangs ab. Arbeiten Sie wieder von links nach rechts, und verziehen Sie die Palmfaser bei jedem Stich. Stechen Sie die Nadel ca. 2,5 cm vom linken Rand im 45°-Winkel wie zu einem verknüpften Hinterstich ein, ziehen Sie sie aber ganz durch das Fassonleinen hindurch. Führen Sie die Nadel in der Ecke nach unten, und enden Sie wie bei einem verknüpften Hinterstich. Nähen Sie ringsum und schließen Sie mit einem Schlingknoten ab (s. S. 23). Jetzt hat Ihr Sitz eine deutliche, feste Kante.

◆ *Einen Sitz (unten) und einen Stuhl mit festgenähtem Fassonleinen (rechts) abgarnieren*

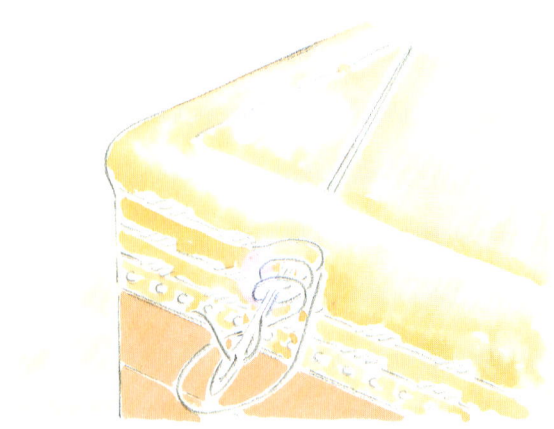

1 ◆ Garnierfaden in eine Doppelspitznadel fädeln und etwa 2,5 cm vom Rand entfernt im 45°-Winkel einstechen. Die Nadel ganz durch das Fassonleinen hindurchziehen und dann in der Ecke wieder zurückführen. Den Stich beenden, indem der Faden dreimal um die Nadel geschlungen wird. Diese Naht um die ganze Sitzfläche herum fortsetzen.

2 ◆ Diese oberste Stichreihe mit einem Schlingknoten abschließen (s. S. 23). Jetzt ist auf jeder Seite des Wulstes eine Naht und damit eine deutliche, feste Kante entstanden.

PIKIERUNG: POLSTERWATTE & NESSEL

*Über dem Fassonleinen wird die Polsterung
mit einer zweiten Lage Palmfaser, zwei Lagen Polsterwatte
und einer Lage Nessel fortgeführt.*

Die zweite Palmfaserauflage

Nach dem Abgarnieren der Kante kann die Sitzfläche in der Mitte leicht eingesunken wirken. Sie müssen deshalb eine zweite Palmfaserauflage einlasieren. Setzen Sie wieder Lasierstiche (s. S. 19), diesmal aber flacher und dichter. Arbeiten Sie eine Lage Palmfaser etwa 2,5 cm dick unter die Stiche und um sie herum. Achten Sie darauf, daß die Kante frei bleibt. Die Sitzfläche sollte jetzt wieder leicht gewölbt sein.

Polsterwatte und Nessel

Geben Sie mindestens zwei Lagen Polsterwatte über die zweite Palmfaserauflage, wobei die erste Lage etwas kleiner sein sollte als die zweite. Die zweite Lage sollte die Kante knapp bedecken. Schneiden Sie ein Stück Nessel ringsum etwa 10 cm größer zu als die Sitzfläche. Diese Nesselabdeckung gibt dem Sitz die endgültige Form, sie muß deshalb unbedingt straff heruntergezogen und gut fixiert werden. Schlagen Sie zunächst in der Mitte jeder Rahmenzarge drei Nägel provisorisch ein, dann von da aus weitere Nägel ringsum. Schneiden Sie die Ecken zurecht (s. S. 34). Ziehen Sie den Nessel rundum immer wieder straff, wobei Sie die provisorischen Nägel herausziehen und neu anbringen. Arbeiten Sie die Ekken sauber aus (s. S. 36). Liegt der Nessel ausreichend straff, schlagen Sie die Nägel ganz ein und schneiden überstehenden Nessel ab.

◆ *Einen Stuhl pikieren (rechts)*

PIKIERUNG

◆ Setzen Sie mehrere Reihen dichter Lasierstiche auf das Fassonleinen. Lasieren Sie eine Schicht Palmfaser unter und zwischen die Stiche. Schieben Sie die Faser dicht zusammen, damit der Sitz am Ende eine leicht gewölbte Form erhält. Die Palmfaser darf die Kante nicht überdecken.

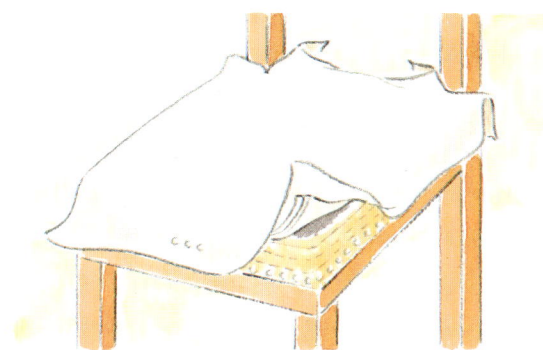

1 ◆ Zwei Schichten Polsterwatte über die zweite Palmfaserauflage legen. Ein Stück Nessel rundum 10 cm größer als die Sitzfläche zuschneiden. Über die Polsterwatte legen und an jeder Zarge in der Mitte provisorisch festnageln. Dann die Ecken ausschneiden (s. S. 34).

2 ◆ Nun von der Mitte aus rundherum provisorisch Nägel einschlagen. Den Nessel glätten und straffen. Dazu kann man die Nägel lösen und neu anbringen. Die Ecken ganz exakt falten. Liegt der Nessel straff, die Nägel ganz einschlagen und überstehenden Stoff abschneiden.

DIOLENWATTE, BEZUGSSTOFF & BORTE

*Mit Diolenwatte und Bezugsstoff als den beiden
letzten Schichten ist die Polsterung komplett. Eine Borte oder Litze
bildet einen schönen Abschluß Ihrer Arbeit.*

Diolenwatte und Bezugsstoff

Bevor Sie den Bezugsstoff aufbringen können, sollten Sie die Oberfläche noch mit einer Lage Diolenwatte abdecken. Sie gibt dem
Bezugsstoff einen guten Halt und schützt ihn
vor übermäßiger Abnutzung. Wenn Sie den Nessel
fixiert haben, schneiden Sie ein Stück Diolenwatte
etwas kleiner zu als den Bezugsstoff und bringen es
auf den Nessel auf.

Der Bezugsstoff wird wie der Nessel aufge-
bracht. Achten Sie darauf, daß der Stoff fadengerade und sein Muster paßgenau liegt.
Markieren Sie dazu die Mitte jeder Stoffseite
mit einer Kerbe und die Mitte jeder Rahmenzarge mit Kreide. Bringen Sie beide Markierungen zur Deckung, wenn Sie den Stoff auflegen.

◆ *Den Bezugsstoff aufbringen* (unten)

Eine Borte oder Litze anbringen

Zum Abdecken der Schnittkante des Bezugs brauchen Sie eine passende Borte oder Litze. Es gibt eine reiche Auswahl an Farben und Mustern. Schlagen Sie die Borte zum Befestigen zunächst etwa 12 mm um und sichern Sie sie an einer Seite mit zwei angeschliffenen Nägeln. Halten Sie die Borte straff, und geben Sie jeweils einen ca. 10 cm langen Streifen Stoffkleber auf die Unterseite. Legen Sie die Borte über die Nägel und drücken Sie sie fest an. Am Ende schneiden Sie die Borte mit 12 mm Zugabe ab, schlagen sie ein und befestigen sie noch mit zwei Nägeln.

BEZUGSSTOFF AUFBRINGEN

◆ Den Bezugsstoff über die Diolenwatte legen und darauf achten, daß das Muster mittig sitzt. Den Stoff gut festnageln, dabei die Nägel dicht an das Sichtholz setzen. Den Stoff unmittelbar unter den Nägeln abschneiden, ohne die Schnittkante zu versäubern.

BORTE ANBRINGEN

1 ◆ Den Anfang der Borte 12 mm umschlagen und in einer Ecke mit zwei angeschliffenen Nägeln sichern. Einen 10 cm langen Streifen Stoffkleber auf die Unterseite der Borte streichen und diese einige Sekunden lang fest auf die unversäuberte Kante des Bezugsstoffs drücken.

2 ◆ Um den gesamten Sitz herum in Abschnitten von jeweils 10 cm Stoffkleber auf die Borte streichen und diese andrücken. Die Borte am Ende mit 12 mm Zugabe abschneiden. Die Zugabe einschlagen und mit zwei weiteren Nägeln sichern.

SOMMERSTREIFEN MIT STIL

*Ein Armlehnstuhl bekommt mit farbigen
Streifen ein freundlicheres Gesicht. Hier können
Sie gleich mehrere Grundtechniken der Polsterei anwenden
und Sicherheit und Übung im Umgang mit dem
Werkzeug erwerben, bevor Sie sich an
Komplizierteres wagen.*

GRÖSSE

Der fertige Sitz mißt
40 x 47 cm.

SIE BENÖTIGEN

300 cm Gurtung

verstärkte Nägel,
je 13 mm lang

50 cm von 315-Gramm-
Federleinen

Garnierfaden

750 g Palmfaser

100 cm Polsterwatte

60 cm Nessel

feine Nägel,
je 10 mm lang

50 cm Diolenwatte

60 cm Bezugsstoff

50 cm Spannstoff

AUSFÜHRUNG

1 ◆ Für diese Arbeit empfiehlt
sich eine ebene Unterlage, etwa
ein stabiler Tisch oder eine Werkbank. Entfernen Sie Polsterung
und Nägel und bereiten Sie den
Rahmen vor (s. S. 12–13).
2 ◆ Gurten Sie den leeren Rahmen mit sechs Streifen Möbelgurt (drei auf jeder Seite) und
13 mm langen verstärkten Nägeln.
3 ◆ Befestigen Sie, wie auf S. 16
gezeigt, das Federleinen über der
Gurtung. Es sollte die Gurtung
abdecken, aber nicht zu weit in
das Rahmenholz hinein reichen.
4 ◆ Bringen Sie in regelmäßigen
Abständen mehrere flache Lasierstiche auf (s. S. 19).
5 ◆ Lasieren Sie die Sitzfläche
ein, wie auf S. 19 beschrieben,
jedoch an den Rändern mit nur
wenig Material. Die Polsterung
sollte in der Mitte der Sitzfläche
deutlich fester sein als am Rand.
6 ◆ Geben Sie zwei Lagen Polsterwatte über die Palmfaser: die
erste Lage sollte 5 cm kleiner

sein als der Rahmen, die zweite so groß, daß sie gerade eben den Rahmen bedeckt, aber nicht darüber hinausreicht (s. S. 26).

7 ◆ Legen Sie ein Stück Nessel, 4 cm größer als der Rahmen, über die Polsterwatte. Fassen Sie Rahmen, Polsterwatte und Nessel mit beiden Händen und drehen Sie den ganzen Sitz um. Sie können auch zuerst rundum provisorisch Nägel anbringen.

8 ◆ Ziehen Sie den Nessel über die Vorderzarge und halten Sie ihn mit 10-mm-Nägeln provisorisch in der Mitte. Ziehen Sie ihn dann straff über die Hinterzarge und nageln Sie ihn wieder in der Mitte provisorisch fest. Wiederholen Sie dasselbe an den Seiten.

9 ◆ Zur Gestaltung der Ecken heben Sie nun den Sitz leicht an und ziehen den Nessel nacheinander straff über jede Ecke in Ihre Richtung. Glätten und pressen Sie zugleich mit der anderen Hand die Polsterung darunter. Schlagen Sie einen Nagel in die Mitte jeder Ecke. Nageln Sie den Nessel rundum von der Mitte jeder Zarge aus zu den Ecken hin provisorisch fest.

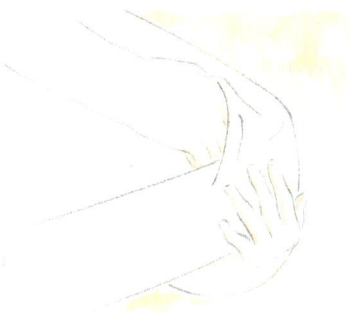

◆ *Die Polsterung zusammendrücken*

10 ◆ Arbeiten Sie die Ecken, indem Sie je zwei Schlitze in den Nessel schneiden. Falten Sie den Stoff von beiden Seiten über das Eckstück und nageln Sie ihn fest. Schneiden Sie überstehenden Stoff an den Rändern dicht bei den Nägeln ab. Liegt der Nessel straff, schlagen Sie die Nägel ganz ein und kürzen Sie den Stoff.

◆ *Den Nessel in den Ecken einschneiden und falten*

11 ◆ Drehen Sie den Rahmen mit der Sitzfläche nach oben. Schneiden Sie ein Stück Polsterwatte exakt in Sitzgröße zu und legen Sie es auf den Nessel.

Schneiden Sie nun den Bezug 10 cm größer als der Rahmen zu und legen Sie ihn auf die Polsterwatte. Halten Sie diese beiden Schichten fest und drehen Sie den Sitz wieder nach unten. Markieren Sie an Stoff und Rahmen die Mitte mit Kerben und Bleistiftstrichen (s. S. 28). Bringen Sie die Markierungen zur Deckung.

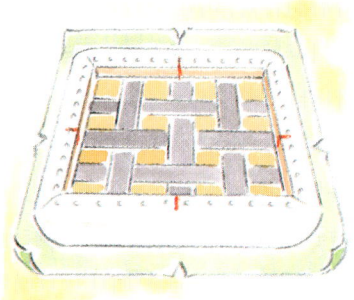

◆ *An Stoff und Rahmen die Mitte markieren und zur Deckung bringen*

12 ◆ Nageln Sie den Bezug auf wie den Nessel, in den Ecken besonders sorgfältig. Schneiden Sie überstehenden Stoff ab (Kante nicht versäubern). Spannen Sie Futterstoff über den Boden des Rahmens und nageln Sie ihn fest.

◆ *Den Futterstoff aufspannen*

DER SCHNITT UM ECKEN
UND RUNDUNGEN

Wirklich gekonnt sehen Ihre Polsterarbeiten aus,
wenn Sie den Stoff richtig um Stuhlbeine oder Rundungen
führen können. Wir zeigen Ihnen, wie's gemacht wird.

Der Schnitt um Ecken

Legen Sie den Bezugsstoff auf. Achten Sie darauf, daß er fadengerade liegt und das Muster mittig sitzt. Schlagen Sie den Stoff vor dem Hindernis in einem Abstand von 1–3 cm (je nach Höhe der Polsterung) vom Holz schräg nach vorne um. Schneiden Sie von der Stoff- ecke diagonal auf das Hindernis zu, und machen Sie am Ende einen V-förmigen Einschnitt wie auf der Abbildung rechts. Jetzt läßt sich der Stoff glatt um die Ecke führen, der Schnitt ist nicht zu sehen. Schneiden Sie überstehenden Stoff in den Ecken ab, damit er schön glatt liegt und keine Falten wirft.

UM ECKEN HERUMSCHNEIDEN

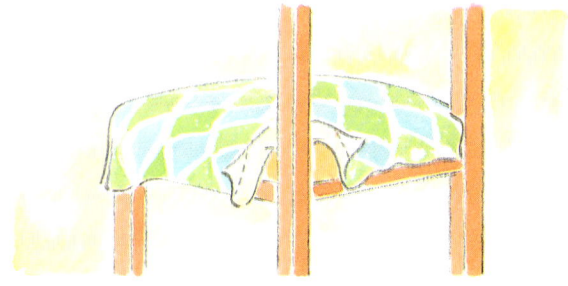

1 ◆ Den Stoff auf den Sitz legen und darauf achten, daß er fadengerade liegt und das Muster mittig sitzt. Den Stoff vor der Ecke in einem Abstand von 1–3 cm (je nach Höhe der Polsterung) vom Holz schräg nach vorne zur Sitzmitte hin umschlagen. Von der Stoffecke diagonal auf das Hindernis zu schneiden und am Ende einen kleinen V-förmigen Einschnitt machen.

2 ◆ Den Stoff nun um das Hindernis herumschlagen. Er sollte sich ohne Knicke oder sichtbare Schnittkanten legen lassen. Die Ecken abschneiden und den Stoff mit dem Haarzieher glätten.

◆ *Um Ecken herumschneiden (rechts)*

Das Schneiden und Falten an Ecken

Falten Sie den Stoff an rechtwinkligen Ecken nach links und nageln Sie ihn fest. Schneiden Sie daneben ein Dreieck aus, legen Sie den eingeschlagenen Stoff über der Ecke in eine Falte und nageln Sie ihn fest.

Streichen Sie den Stoff über einer abgerundeten Ecke glatt und nageln Sie ihn fest. Schneiden Sie dann auf jeder Seite ein Dreieck aus. Schlagen Sie die beiden seitlichen Stücke über die Nägel. So entstehen zwei Falten. Sichern Sie diese mit Nägeln.

FALTEN AN RECHTWINKLIGEN ECKEN

1 ◆ Den Stoff nach links um die Ecke herum falten. An der Ecke, 2,5 cm von der Kante entfernt, übereinander zwei Nägel einschlagen.

2 ◆ Den Stoff entlang den Nägeln ein- und dreiecksförmig ausschneiden. Nun den Stoff über die Nägel falten und die Falte festnageln.

FALTEN AN ABGERUNDETEN ECKEN

1 ◆ Den Stoff über der Ecke glattstreichen, so daß zwei ›Flügel‹ entstehen. Den Stoff wie abgebildet am Rahmen festnageln.

2 ◆ Den Stoff beidseitig entlang den Nägeln ein- und dreiecksförmig ausschneiden. Die ›Flügel‹ über die Nägel falten und festnageln.

Der Schnitt bei Rundungen

Diese Technik wird Ihnen eine große Hilfe sein, wenn Sie um ein geschwungenes Hindernis herum arbeiten müssen, wie etwa am ›Ohransatz‹ eines Ohrensessels. Schlagen Sie den Stoff von der Rundung weg um und schneiden Sie entlang der Rundung mehrmals im Abstand von etwa 1,5 cm ein. So läßt sich der Stoff glatt um die geschwungene Stelle legen. Je nach Höhe der Polsterung sollten die Schnitte etwa 1–2 cm vor der Rundung enden.

UM RUNDUNGEN SCHNEIDEN

◆ Damit er an einer Rundung glatt und flach anliegen kann, den Stoff zunächst zurückschlagen, dann mit einer scharfen, spitzen Schere im Abstand von etwa 1,5 cm mehrere kleine Kerben einschneiden. Bis auf etwa 1–2 cm an die Rundung heranschneiden.

◆ *Um Rundungen schneiden*

GUT ABGESCHIRMT

*Mit diesem gepolsterten Paravent bekommt jeder
Raum eine edle Note. Das Holz läßt sich leicht zuschneiden
und erlaubt allerlei Flügelformen – Bögen,
Schwünge und sogar Spitzen.*

GRÖSSE

Der fertige Paravent ist
122 cm breit und 165 cm
hoch.

SIE BENÖTIGEN

2 m Bezugsstoff, 137 cm
breit für die Front

2 m kontrastierenden
Bezugsstoff, 137 cm breit
für die Rückseite

3 MDF-Platten (2 cm stark),
fertig zugeschnitten

10,5 m Diolenwatte (60 g)

Sprühkleber zum Polstern

feine Nägel, 10 mm lang

10–12 m Borte oder Litze,
je nach Größe der Paneele

angeschliffene Nägel

6 Messingscharniere und
-schrauben

Lassen Sie sich bei dieser Arbeit
von einem Schreiner oder Holz-
händler helfen. MDF ist ideal zu

verarbeiten und kann beliebig zugeschnitten werden. Hier wurden
Paneele der Größe 42 x 170 cm
verwendet. Somit können Sie
nicht nur den Bezug aus einer
einzigen Stoffbreite zuschneiden,
sondern auch das Muster paßgenau aufbringen. Wählen Sie
einen eher leichten Baumwollstoff, der sich besser verarbeiten
läßt. Baumwollchintz ist dafür
ideal, lassen Sie ihn eventuell
noch flammhemmend ausrüsten.

AUSFÜHRUNG

1 ◆ Legen Sie beide Stoffstücke
flach aus und unterteilen Sie sie
der Breite nach in drei gleiche
Teile. Zeichnen Sie die Schnitt-
linien mit Kreide vor.

2 ◆ Legen Sie das mittlere MDF-
Paneel auf eine flache Unterlage.
Schneiden Sie ein Stück Diolenwatte in exakt derselben Größe
zu und legen Sie es auf das Paneel. Sie können die Diolenwatte
mit einem dünnen Film Sprühkleber fixieren, damit sie besser
hält, wenn Sie den Bezugsstoff
aufnageln.

3 ◆ Markieren Sie beim mittleren Stück des Bezugsstoffs und
am Paneel oben und unten jeweils die Mitte. Legen Sie den

Stoff so auf die Diolenwatte, daß
die Markierungen übereinstim-
men. Schlagen Sie oben drei
10 mm lange Nägel ein. Ziehen
Sie den Stoff nun glatt und straff
nach unten und fixieren Sie ihn
am unteren Rand provisorisch
mit drei Nägeln (Markierungen
beachten). Nageln Sie den Stoff

oben und unten, später auch
an den Seiten, provisorisch fest.
Am geschwungenen Ende Ihres
Paneels wird der Stoff dann an
den Rundungen eingeschnitten
(siehe unten).

Rückwand des Paneels

◆ *Um Rundungen schneiden*

4 ◆ Nageln Sie dann die Seiten
von der Mitte aus provisorisch
fest. Straffen Sie den Stoff nicht
zu sehr, um das Muster nicht
zu verziehen. Arbeiten Sie die
Ecken, wie auf S. 36 gezeigt.
Liegt der Stoff straff, schlagen
Sie die Nägel ganz ein und
schneiden Sie Überstehendes
knapp ab.

5 ◆ Drehen Sie das Paneel um,
und schützen Sie den Stoff an
der Unterseite. Bringen Sie den
kontrastierenden Bezug genauso auf. Setzen Sie die Nägel
zwischen die der Vorderseite, so
daß am Ende eine einzige gerade Nagelreihe entsteht. Schneiden Sie überstehenden Stoff
ohne Versäubern ab.

6 ◆ Decken Sie die Nägel mit
Borte oder Litze ab, die nicht
breiter ist als das Paneel.

7 ◆ Beziehen Sie die beiden
Seitenpaneele. Achten Sie darauf, daß Sie für jede Seite den
richtigen Stoff verwenden.

8 ◆ Verbinden Sie die drei Paneele mit Messingscharnieren.

Süsse Träume

*Dieses Betthaupt ist ein Beispiel für eine
moderne Polsterarbeit mit Schaumstoff als Grundlage.
Fertigen Sie es in beliebiger Größe mit einem zu
Ihrem Raum passenden Bezugsstoff.*

GRÖSSE

Das fertige Betthaupt
ist 93 cm breit und 68 cm
hoch.

SIE BENÖTIGEN

eine 2 cm starke, fertig
zugeschnittene MDF-Platte

Schaumstoff, 2,5 cm dick, in
der Größe des Betthaupts

Sprühkleber zum Polstern

1,5 m Diolenwatte (60 g)

1,5 m Bezugsstoff

feine Nägel, 10 mm lang

1 m Kederstoff in
Kontrastfarbe

4 m Kederschnur

angeschliffene Nägel

2 m schwarzweißen
Möbelgurt

70 cm Nessel

2 gehobelte Fichtenhölzer,
7,5 x 2,5 cm, 60 cm lang

◆ *Mögliche Formen für das Betthaupt*

Bitten Sie Ihren Schreiner, die
MDF-Platte in der Größe und
Form zuzusägen, die Sie für Ihr
Betthaupt benötigen (Vorschläge
siehe oben). Lassen Sie in die
beiden Fichtenhölzer Nute von
20 cm Länge und 1 cm Tiefe
schneiden (siehe unten).

AUSFÜHRUNG

1 ◆ Legen Sie die Platte flach
hin und ziehen Sie eine Kreidelinie wie unten dargestellt.
2 ◆ Schneiden Sie den Schaumstoff formgerecht zu: Legen Sie
die Platte auf den Schaumstoff,
ziehen Sie eine Filzstiftlinie um

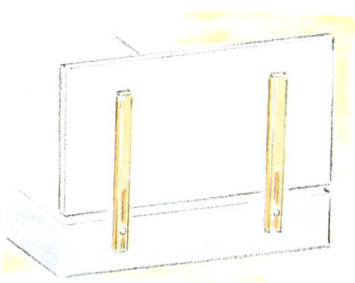

◆ *Rückwand des Betthaupts*

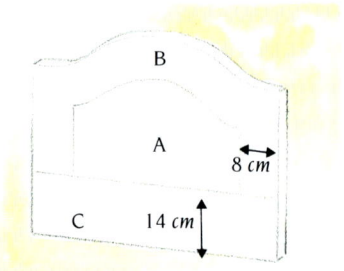

◆ *Das Markieren des Betthaupts*

den Rand und schneiden Sie daran entlang. Markieren Sie den Schaumstoff genau wie die Platte und schneiden Sie wieder entlang den Linien. Behalten Sie A und B, und werfen Sie C weg.

3 ◆ Befestigen Sie Teil A mit Sprühkleber innerhalb der Kreidelinie auf der Platte. Schneiden Sie Diolenwatte in der Größe von A zurecht, legen Sie sie darüber.

4 ◆ Schneiden Sie Bezugsstoff in der Größe von Teil A mit Zugabe von 3 cm zu und bringen Sie ihn so auf, daß er fadengerade und das Muster mittig liegt. Schlagen Sie in der oberen Mitte drei Nägel etwa 1 cm außerhalb der Kreidelinie provisorisch in das Brett. Bringen Sie danach in der unteren Mitte provisorisch drei Nägel an und wiederholen Sie dasselbe an den Seiten. Nageln Sie den Stoff dann von der Mitte aus rundum provisorisch fest und streichen Sie ihn dabei immer wieder zu den Ecken hin aus. Liegt der Stoff schön glatt, schlagen Sie die Nägel ganz ein und schneiden den Stoff 6 mm außerhalb ab.

5 ◆ Nähen Sie aus dem kontrastierenden Stoff einen etwa 2 m und einen etwa 1,60 m langen

Keder. Schneiden Sie je nach Dicke Ihrer Kederschnur 4–5 cm breite Stoffstreifen schräg zum Fadenlauf. Verbinden Sie die Streifen an den Schrägkanten bis zur benötigten Länge (siehe unten). Schlagen Sie den Stoff um die Kederschnur und bringen Sie die Schnittkanten exakt zur Deckung. Setzen Sie eine Maschinennaht (Reißverschluß- oder Kederfüßchen) möglichst dicht neben die Schnur. Schneiden Sie den Stoff 1 cm vor der Naht ab.

6 ◆ Legen Sie den kürzeren Keder so über die Nagelreihe, daß sich die Schnittkanten von Keder und Bezugsstoff decken. Nageln Sie den Keder in dieser Position im Abstand von jeweils etwa 3 cm fest. In den Ecken erleichtert es die Arbeit, wenn Sie kleine Kerben in den Saum schneiden.

7 ◆ Schneiden Sie über die gesamte Stoffbreite fünf 13 cm breite Streifen und nähen Sie sie mit der Maschine zu einem langen Stück zusammen. Achten Sie auf den Musterrapport. Legen Sie diese Bordüre nun rechts auf rechts und Kante auf Kante über den Keder. Sichern Sie die Bordüre am rechten unteren Rand mit einem Nagel. Legen Sie den

Stoff nun in winzige (höchstens 1 cm breite) Falten und nageln Sie jede Falte fest. Setzen Sie dies über die gesamte Länge des Keders fort (siehe unten).

8 ◆ Schneiden Sie ein 2 m langes Stück des schwarzweißen Möbelgurts der Länge nach durch; legen Sie das eine Ende über den Anfang der Bordüre, wobei der ungeschnittene Rand des Gurts so dicht wie möglich an den Keder stoßen sollte. Nageln Sie den Gurt in kurzen Abständen rundum fest. Setzen Sie die Nägel ganz dicht an den Rand des Gurts. Schneiden Sie diesen an den Ecken etwas ein, damit er sich leichter um die Rundungen führen läßt. Schneiden Sie zum Schluß überstehendes Gurtgewebe ab (Hinterlegen).

9 ◆ Halten Sie die Bordüre zurückgeschlagen und bringen Sie Teil B des Schaumstoffs mit Sprühkleber auf. Darüber kommt eine Lage Diolenwatte. Schlagen Sie die Bordüre von der oberen Mitte aus über Polsterung und Kante des Betthaupts. Nageln Sie sie fest, ziehen Sie dabei die Falten leicht auseinander, an Rundungen und Ecken besonders sorgfältig.

◆ Den Kederstoff zusammennähen

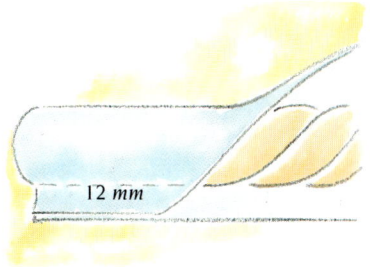

12 mm

◆ Die Kederschnur beziehen

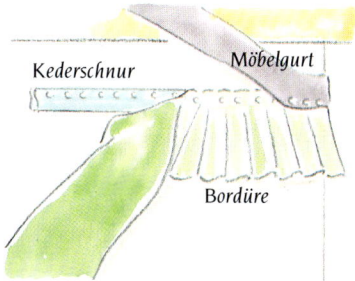

Kederschnur   Möbelgurt

Bordüre

◆ Bordüre und Gurt anbringen

10 ◆ Schneiden Sie ein Stück Bezugsstoff so groß zu, daß es Teil C bedeckt, und geben Sie 4 cm Saum zu. Legen Sie das Stück mit der linken Stoffseite nach oben über Teil A. Achten Sie darauf, daß der Stoff fadengerade und das Muster mittig ist. Legen Sie C so, daß sich die Schnittkante mit der von A und den Rändern der gefälteten Bordüre deckt. Sichern Sie den Stoff mit ein paar Nägeln und hinterlegen Sie diese Stoßkante dann mit dem zweiten Stück Möbelgurt auf dieselbe Weise wie bei der Bordüre.

11 ◆ Lassen Sie den Stoffstreifen noch zurückgeschlagen und geben Sie zwei Lagen Diolenwatte über C. Schlagen Sie nun den Stoff über die Polsterung und nageln Sie ihn an der Rückwand des Betthauptes fest – in den Ecken, wie auf S. 36 gezeigt.

12 ◆ Nageln Sie nun den zweiten Keder an der Rückwand des Betthauptes fest. Die Schnittkante sollte dabei vom Rand weg nach innen zeigen. Schlagen Sie den Keder an den Seiten ein. Schneiden Sie ein Stück Nessel in der Größe der Rückwand und mit einer Saumzugabe von 1,5 cm zu. Schlagen Sie den Saum ein und befestigen Sie den Nessel mit angeschliffenen Nägeln an der Rückwand.

13 ◆ Befestigen Sie schließlich die beiden Hölzer an der Rückwand und passen Sie sie in die Löcher am Kopfende des Bettes ein.

SCHOTTISCHE ANKLÄNGE

*Klassisches Wolltuch ist der ideale
Bezugsstoff für diesen Fußschemel – und gleichzeitig eine
gute Übung zum Umgang mit Mustern! Hier
lernen Sie das Abgarnieren.*

GRÖSSE

Die fertige Sitzfläche des
Schemels mißt 32 x 48 cm.

SIE BENÖTIGEN

2,5 m Möbelgurt

50 cm Federleinen (315 g)

verstärkte und feine Nägel,
13 mm lang

Garnierfaden

1 kg Palmfaser

60 cm Fassonleinen

Karton

1 m Polsterwatte

60 cm Nessel

50 cm Diolenwatte

60 cm Bezugsstoff

feine Nägel, 10 mm lang

1,6 m Borte oder Litze

angeschliffene Nägel

Textilkleber

AUSFÜHRUNG

1 ◆ Um einen alten Schemel
aufzupolstern, schlagen Sie
zunächst den Rahmen ab und
bereiten ihn vor (s. S. 12).
Rahmen kann man kaufen oder,
wie hier, beim Schreiner in jeder
Form und Größe anfertigen
lassen.

2 ◆ Gurten Sie den abgeschlage-
nen Rahmen auf einem stabilen
Tisch oder einer Werkbank (s. S.
14–15). Verwenden Sie verstärkte
Nägel (13 mm). Spannen Sie
zwei Gurte über die kurzen und
drei über die langen Zargen.

3 ◆ Befestigen Sie das Federleinen mit feinen Nägeln (13 mm),
und nähen Sie Lasierstiche auf
(s. S. 19). Diese sollten eher
locker sein, damit etwa 10 cm
hoch einlasiert werden kann.
Lasieren Sie Palmfaser ein.

4 ◆ Befestigen Sie das zugeschnittene Fassonleinen (s. S.
20). Nähen Sie zum Abgarnieren
der Kante zwei Reihen verknüpfte Hinterstiche, dann Garnierstiche. Vorderstiche sorgen für
formstabile Ecken. Verziehen Sie
die Polsterung beim Nähen
sorgfältig (s. S. 21).

5 ◆ Nähen Sie nach dem Abgarnieren flache Lasierstiche und
legen Sie die Pikierung auf. Nageln Sie dann vier Kartonstücke
(s. Abbildung) an die Ecken. Das
macht die Kante stabil.

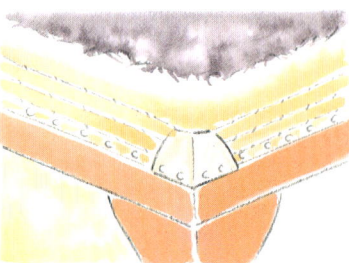

◆ *Karton an die Ecken nageln*

6 ◆ Geben Sie zwei Lagen Polsterwatte über die Palmfaser und fixieren Sie den Nessel (s. S. 27) mit 13 mm langen, feinen Nägeln. Liegt der Nessel straff und sitzen die Ecken exakt, schlagen Sie die Nägel ganz ein und schneiden Überstehendes ab. Diese Nägel sollten ca. 1 cm über der unteren Rahmenkante sitzen, damit Sie den Bezugsstoff darunter annageln können.

7 ◆ Legen Sie Diolenwatte über den Nessel. Bringen Sie den Bezug auf wie den Nessel, aber schlagen Sie 10 mm lange Nägel nahe der Rahmenkante ein. Schneiden Sie den Stoff dicht unter den Nägeln ab, befestigen Sie Borte oder Litze darüber.

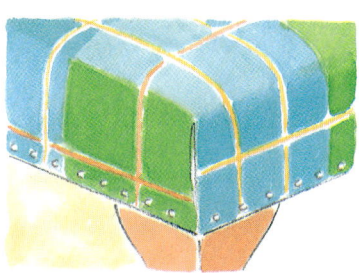

◆ *Den Bezugsstoff annageln*

SPRUNGFEDERN

Zusätzlich zur Palmfaserauflage
werden bei manchen Sitzen Sprungfedern eingearbeitet.
Die Art ihrer Befestigung kann darüber
entscheiden, wie bequem Sie sitzen!

Sprungfedern auf die Gurtung aufnähen
Besorgen Sie sich Sprungfedern in der richtigen Größe und Stärke (s. Anleitung S. 51), und plazieren Sie die Federn so auf der Gurtung, daß die Knoten zur Rahmenmitte hin zeigen. Fädeln Sie Garnierfaden in eine runde Nadel. Stechen Sie nun die Nadel genau innerhalb der am weitesten von Ihnen entfernten Feder in die Gurtung und knapp außerhalb der Feder wieder aus.

Sichern Sie diesen Stich mit einem Zugknoten. Nähen Sie die Feder mit zwei weiteren Stichen in gleichmäßigem Abstand sicher auf die Gurtung auf. Befestigen Sie auf diese Weise nacheinander auch alle übrigen Federn auf der Gurtung und knüpfen Sie zum Abschluß einen Doppelknoten.

◆ *Die Sprungfedern auf die Gurtung aufnähen (rechts)*

SPRUNGFEDERN AUFNÄHEN

1 ◆ Die Sprungfedern auf der Gurtung plazieren und sicherstellen, daß die Knoten der Sprungfedern zur Mitte der Gurtung hin zeigen.

2 ◆ Eine runde Nadel mit eingefädeltem Garniertwist innerhalb der am weitesten entfernten Feder in die Gurtung ein- und knapp außerhalb der Feder wieder ausstechen. Diesen Stich mit einem Zugknoten sichern.

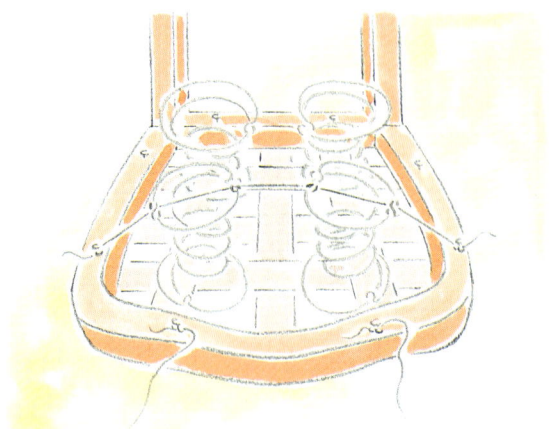 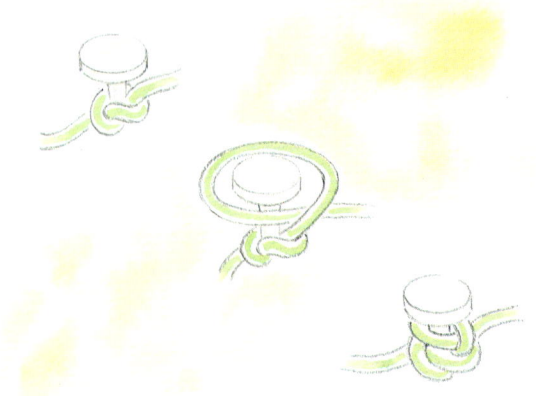

1 ◆ Auf der verlängerten Mittellinie jeder Reihe Sprungfedern einen Nagel in den Rahmen schlagen. Um jeden Nagel ein Stück Schnürfaden schlingen, lang genug, daß er zweimal von einer Rahmenzarge über die Federn zur anderen reicht.

2 ◆ So wird die Schnur an den Nägeln befestigt: Einen lose geknüpften einfachen Knoten über einen provisorisch eingeschlagenen Nagel legen. Den Knoten festziehen, einen weiteren Knoten um den Nagel knüpfen und ebenso festziehen. Den Nagel jetzt ganz einschlagen, damit der Knoten hält. An zwei Zargen genau so verfahren.

Die Sprungfedern schnüren

Die Schnürung hält die Sprungfedern senkrecht, im richtigen Abstand und unter Spannung. Schlagen Sie einen 16 mm langen, verstärkten Nagel auf der verlängerten Mittellinie einer Reihe Sprungfedern ein. Schneiden Sie pro Reihe ein Stück Schnürfaden ab, lang genug, daß es zweimal von der einen Zarge über die Federn zur anderen reicht. Schlingen Sie einen einfachen Knoten in ein Ende eines Schnürfadens und legen Sie den Knoten über einen Nagel. Schlingen Sie einen weiteren Knoten, ziehen Sie ihn fest und schlagen Sie den Nagel ganz ein. Befestigen Sie auf diese Weise alle Fadenstücke an den Nägeln zweier aneinanderstoßender Zargen.

Beginnen Sie an der mittleren Reihe und schlingen Sie an der dem Rahmen zugewandten Seite eine Doppelbohne in den obersten Ring der ersten Feder. Achten Sie darauf, daß sich die Feder leicht zum Rahmen hin neigt, sobald der Knoten festgezogen ist. Schlingen Sie nun gegenüber der Doppelbohne eine einfache Bohne in den obersten Federring. Knüpfen Sie mit derselben Schnur eine Bohne in den obersten Ring der nächsten Feder und eine weitere gegenüber der ersten Bohne. Setzen Sie das bei allen Federn dieser Reihe fort und pressen Sie dabei jede Sprungfeder um etwa 2 cm zusammen.

Knüpfen Sie als letzten Knoten eine Doppelbohne, schlingen Sie das Fadenende wie zuvor um den provisorisch eingeschlagenen Nagel gegenüber. Diese letzte Feder sollte sich wie die erste etwas zum Rahmen hin neigen. Schnüren Sie so jede Reihe längs und quer (siehe nächste Seite).

Legen Sie ein Stück Federleinen über die Sprungfedern und befestigen Sie sie. Sichern Sie die Federn am Leinen genau wie an der Gurtung; verwenden Sie dabei aber eine gebogene Matratzennadel.

Doppelbohne

Bohne

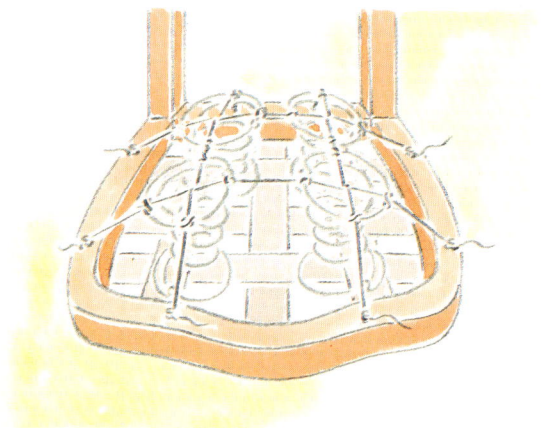

3 ◆ Mit dem Schnürfaden an der der Zarge zugewandten Seite eine Doppelbohne um den obersten Ring der ersten Feder schlingen. Sie sollte sich jetzt leicht zur Zarge neigen. Dann genau gegenüber am obersten Ring derselben Feder eine Bohne knüpfen.

4 ◆ So alle Sprungfedern schnüren und dabei um etwa 2 cm zusammenpressen. Den letzten Knoten an der letzten Feder in der Reihe als Doppelbohne knüpfen und den Faden wieder an einem provisorisch eingeschlagenen Nagel befestigen. Diese letzte Feder sollte sich der Zarge zuneigen. Alle Federreihen längs und quer schnüren.

ANBRINGEN DES FEDERLEINENS ÜBER DEN SPRUNGFEDERN

◆ Federleinen über die Sprungfedern legen, an der hinteren Zarge 2,5 cm Saum umschlagen und das Leinen mit 13 mm langen, feinen Nägeln provisorisch festnageln. Auf fadengeraden Sitz achten. Das Leinen über die Federn nach vorne ziehen und gegenüber dem ersten Nagel festnageln. Nun in der Mitte der beiden anderen Zargen Nägel einschlagen. Das Leinen in den Ecken straffen und mit je einem Nagel sichern. Liegt der Stoff fadengerade und straff, die Nägel ganz einschlagen. Überstehendes abschneiden, den Saum umschlagen und festnageln. Die Federn mit je drei Stichen einer großen Rundnadel am Leinen befestigen.

STILECHTE ELEGANZ

*Der gestreifte Stoff verleiht dem Stuhl eine moderne
Note, ohne seinen viktorianischen Stil zu übertönen. Bei diesem
Werkstück wird ein unterfederter Sitz mit einem
Kissenpolster in der Lehne kombiniert.*

GRÖSSE

Der fertige Sitz ist 44 cm breit und 40 cm tief.

Das fertige Lehnpolster ist 33 cm breit und 21 cm hoch.

SIE BENÖTIGEN

3 m Möbelgurt

13 mm lange, verstärkte Nägel

4 Sprungfedern, 12,5 cm, Stärke 9 oder 10

Garnierfaden

16 mm lange, verstärkte Nägel

Schnürfaden

50 cm Federleinen

1,5 kg Palmfaser

60 cm Fassonleinen

13 mm lange, feine Nägel

1,5 m Polsterwatte

60 cm Nessel

1 m Diolenwatte (60 g)

1 m Bezugsstoff

10 mm lange, feine Nägel

1,6 m Borte oder Litze

angeschliffene Nägel

Textilkleber

50 cm Spannstoff

SITZ

1 ◆ Schlagen Sie den Rahmen ab und bessern Sie ihn auf (s. S. 12) – je älter der Stuhl, desto umfassender. Dieser Stuhl wurde abgeschlagen, mit Säge-mehl und Holzleim aufgefüllt und an den Verbindungen neu verleimt.

2 ◆ Diese Arbeit läßt sich am besten auf zwei Böcken ausführen. Sie können den Stuhl aber auch umdrehen und auf einem stabilen Tisch oder einer Werkbank bearbeiten. Gurten Sie den Sitz von unten (s. S. 14–15) mit drei Gurten in der Länge und drei in der Breite, wie auf der Abbildung unten gezeigt.

3 ◆ Drehen Sie den Stuhl um, und plazieren Sie vier Sprungfedern auf der Gurtung. Die Stärke der Federn hängt von der gewünschten Sitzhärte ab. Je höher die Zahl, desto weicher wird der Sitz. Sichern Sie die Federn auf der Gurtung (s. S. 46).

4 ◆ Schnüren Sie die Federn (s. S. 48). Am Ende sollte Ihr Sitz in der Mitte kuppelförmig sein und zu den Seiten hin abfallen.

5 ◆ Legen Sie das Federleinen auf und nageln Sie es mit 13 mm langen, verstärkten Nägeln fest. Nähen Sie die Federn mit Garnier-faden und einer langen Rundnadel an das Leinen.

6 ◆ Nähen Sie nun, an der hinteren Rahmenzarge beginnend, von hinten nach vorne Lasierstiche auf. Die Stiche sollten an den Rändern des Sitzes, wo die Sprungfedern sich nach außen neigen, loser und zur Mitte hin fester sein. In die loseren Stiche am Rand können Sie dann mehr Palmfaser einlasieren.

7 ◆ Lasieren Sie Palmfaser ein (s. S. 19). Arbeiten Sie die Ränder besonders fest, damit am Ende die Seiten dieselbe Höhe erreichen wie die Sitzmitte.

8 ◆ Befestigen Sie ein ausreichend großes Stück Fassonleinen mit 13 mm langen, feinen Nägeln. Schneiden Sie das Leinen an den Lehnenholmen ein (s. S. 34) und ab. Schieben Sie nun das Leinen mit der flachen Seite des Haarziehers nach unten um die Holme herum. Liegt das Leinen straff, sitzt die Füllung fest und sind die Ecken glatt, schlagen Sie die Nägel ganz ein.

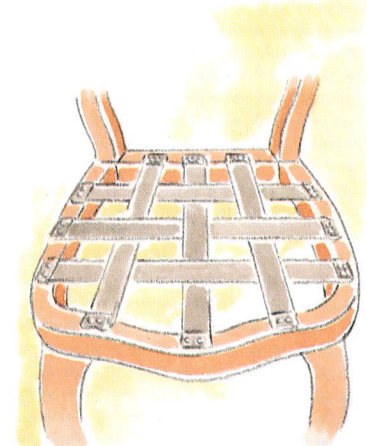

◆ *Den Gurtboden plazieren*

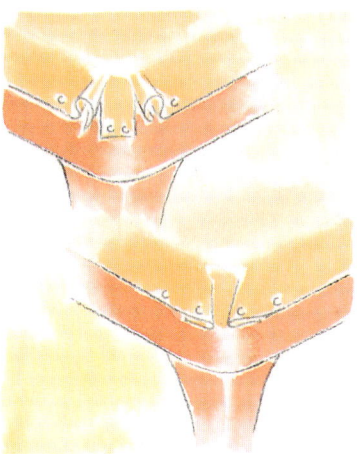

◆ *Die Ecken legen*

9 ◆ Setzen Sie sechs bis acht große Vorderstiche (s. S. 21), dann verknüpfte Hinterstiche. Bei diesem Stuhl genügen insgesamt zwei Reihen Hinterstiche, bevor Sie die Kante abgarnieren. Ziehen Sie die Palmfaser mit dem Haarzieher fest zum Rand. Garnieren Sie dann die Kante ab und verziehen Sie die Faser in den Ecken besonders gut, damit diese nicht abfallen. Jetzt hat Ihr Sitz die Grundfasson.

10 ◆ Nähen Sie flache Lasierstiche auf und lasieren Sie nochmals Palmfaser ein. Nun folgen zwei Lagen Polsterwatte, darüber der Nessel. Arbeiten Sie die Ausschnitte und Ecken wie beim Fassonleinen.

11 ◆ Legen Sie Diolenwatte auf, und befestigen Sie den Bezugsstoff wie zuvor den Nessel, aber mit 10 mm langen, feinen Nägeln.

12 ◆ Überkleben Sie die Nägel mit einer passenden Borte. Beenden Sie die Arbeiten am Sitz mit dem Befestigen des Spannstoffs, der die Gurtung verdeckt.

RÜCKENLEHNE

1 ◆ Legen Sie den Stuhl auf den Rücken und schützen Sie den Rahmen durch ein unterlegtes Kissen oder eine Decke. Schneiden Sie ein Stück Bezugsstoff in der Größe der Polsterfüllung plus 1,5 cm Saumzugabe zu. Legen Sie es mit der rechten Seite nach unten in den Rahmen und achten Sie darauf, daß das Muster mittig sitzt. Nageln Sie den Stoff nun mit 10 mm langen, feinen Nägeln in der Mitte jeder Zarge provisorisch an den hinteren Rahmenfalz. Schlagen Sie,

immer von der Zargenmitte ausgehend, weitere Nägel ein. Schneiden Sie überstehenden Stoff noch nicht ab.

2 ◆ Schneiden Sie ein Stück Nessel in der Größe des Bezugsstoffs zu und bringen Sie es darüber an. Schlagen Sie den Saum von Nessel und Bezugsstoff um und nageln Sie ihn fest. Falten sie alle Ecken sorgfältig.

3 ◆ Geben sie zwei Lagen Polsterwatte in der Größe der Füllung auf den Nessel. Dünnen Sie den Rand etwas aus, indem Sie mit den Fingern kleine Fasermengen herausziehen (s. u.). Legen Sie nun ein Stück Diolenwatte darüber und schieben Sie es am Rand in den Rahmen hinein.

4 ◆ Schneiden Sie Bezugsstoff in der Größe der Polsterung mit 3 cm Zugabe zu und legen Sie ihn, das Muster mittig, über die Diolenwatte. Schlagen Sie provisorisch drei Nägel in die vordere Zarge. Streichen sie den Stoff glatt, und setzen Sie drei Nägel

in die hintere Zarge. Verfahren Sie an den Seiten genauso. Schlagen Sie nun weitere Nägel ein und streichen Sie dabei den Stoff von der Mitte zu den Ecken hin aus. Das verhindert Zugfalten. Ziehen Sie den Stoff straff, so daß sich die Füllung darunter fest anfühlt. Schlagen Sie die Nägel ganz ein und schneiden Sie überstehenden Stoff ab. Verwenden Sie bei einem sehr zierlichen Rahmen angeschliffene Nägel für den Bezug. Decken Sie die Nägel zum Schluß mit Borte oder Litze ab (s. u.).

Diese Lehnenpolsterung wird Kissenpolster genannt. Dieselbe Polstermethode kann man auch auf Sitze anwenden. Sind Sitz oder Lehne größer als hier, müssen Sie den Rahmen gurten, bevor Sie den Nessel aufbringen. Verwenden Sie im Sitz je drei Gurte längs und quer, bei der Lehne mögen einer oder zwei für ausreichenden Halt genügen.

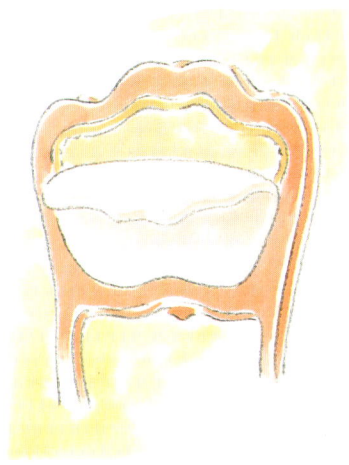

◆ *Die Polsterwatte plazieren*

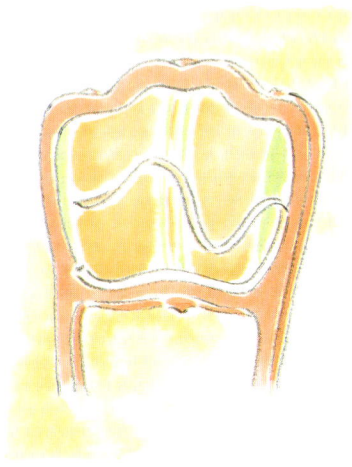

◆ *Die Borte an der Lehne anbringen*

Matratzenstich

*Dieser Stich verbindet zwei aneinanderstoßende
Stoffteile mit einer unsichtbaren Naht. Er wird auch
verzogener Vorderstich genannt.*

Schlagen Sie die Schnittkanten zweier Stoffteile ein und legen Sie sie Stoß an Stoß. Arbeiten Sie auf der rechten Stoffseite. Stechen
Sie mit einer 7,5 cm langen gebogenen Nadel unmittelbar rechts vom Anfang der Naht
ein und sichern Sie den Faden mit einem Zugknoten
(s. S. 18). Stechen Sie nun in der unteren Stoffalte zum
Anfang der Naht zurück. So können Sie den Zugknoten verstecken. Nähen sie von rechts nach links: Stechen Sie in die obere Falte ein und eine Stichlänge
weiter wieder aus. Setzen Sie nun den nächsten

Stich ein oder zwei Gewebefäden hinter dem
Ende des ersten in die untere Falte. Ziehen
Sie den Faden zwischen den einzelnen Sti-
chen straff, so wird er verdeckt. Sind Sie am
Ende der Naht angelangt, sichern Sie den
Faden mit einem Schlingknoten (s. S. 23). Mit Ma-
tratzenstich können Sie auch eine Kordel auf Sitz-
oder Lehnenbezüge aufnähen. Ziehen Sie dafür die
Nadel beim Annähen einfach durch die Kordel.

◆ *Stoffteile mit Matratzenstich verbinden (rechts)*

MATRATZENSTICH

1 ◆ Mit einer 7,5 cm langen gebogenen Nadel
knapp rechts vom Nahtanfang einstechen und den
Faden mit einem Zugknoten sichern (s. S. 18).

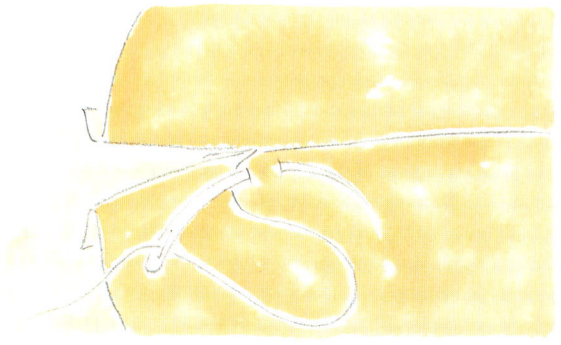

2 ◆ Den Knoten durch einen Rückstich zum
Nahtanfang innerhalb der Stoffalte verstecken.

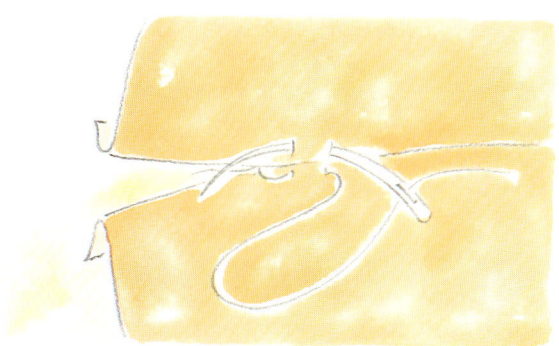

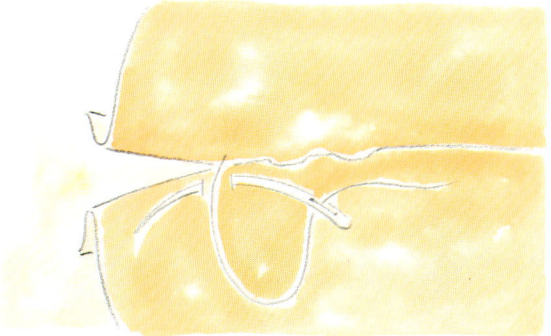

3 ◆ Von rechts nach links arbeiten. In die obere Stoffalte einstechen und eine Stichlänge weiter, immer noch in der oberen Falte, wieder ausstechen.

4 ◆ Die Nadel ein oder zwei Gewebefäden hinter den ersten Stich führen und in die untere Stoffalte stechen. Durch Straffziehen des Fadens werden die Stiche verdeckt. Immer abwechselnd in der oberen und unteren Falte bis zum Ende nähen.

DEKORATIVER DAMAST

Bei diesem niedrigen Sessel können Sie fast alle
Polstertechniken anwenden, die Sie bereits beherrschen, und Ihr
Repertoire um eine neue, sehr nützliche erweitern –
den Matratzenstich.

GRÖSSE

Der fertige Sitz ist 55 cm
breit und 55 cm tief.

SIE BENÖTIGEN

4 passend zurecht-
geschnittene Zick-Zack-
oder Nosagfedern

8 Halterungen für die
Federn

60 cm Federleinen (375 g)

13 mm lange, feine Nägel

Garnierfaden

2–2,5 kg Palmfaser

60 cm Fassonleinen

2 m Polsterwatte

60 cm Nessel

2 m Bezugsstoff

gewachsten Faden oder
Handnähfaden

1,5 m Diolenwatte (125 g)

1 m Spannstoff

3,5 m Kordel, passend zu
den Fransen

2 m gedrehte Fransen,
21 cm lang

SITZ

1 ◆ Schlagen Sie den Sessel
ab, und bereiten Sie ihn vor (s.
S. 12). Meist müssen die Federn
nicht ersetzt werden. Wenn
doch, bitten Sie einen Polsterer,
vier Federn in der richtigen
Größe zurechtzuschneiden und
anzubringen (s. u.).

◆ *Zick-Zack-Federn mit Halterungen*

2 ◆ Befestigen Sie mit 13 mm
langen, feinen Nägeln Federleinen über den Federn. Ziehen Sie
die Leinwand hinten unter die
untere Lehnenzarge und nageln
Sie sie an der Rückseite der Sitz-
hinterzarge fest. Schneiden Sie
um die Lehnenholme ein (s. S.
34). Nähen Sie sie hier und da
mit Garnierfaden an die Federn.
3 ◆ Setzen Sie eher lose Lasierstiche, die eine 8 cm hohe Polsterung zulassen, und lasieren
Sie Palmfaser ein. Füllen Sie
Lücken und achten Sie darauf,
daß die Polsterung dick und fest
ist. Die Faser sollte die Lücke an
der hinteren Sitzzarge füllen.
4 ◆ Bringen Sie über der Palmfaser mit 13 mm langen, feinen
Nägeln Fassonleinen an. Schneiden Sie um die Lehnenholme
herum ein und arbeiten Sie
glatte Ecken. Verfahren Sie an
der Hinterzarge wie beim Federleinen. Nähen Sie eine Reihe
verknüpfter Hinterstiche, beginnend mit vier großen Vorder-
stichen, bevor Sie die Kante abgarnieren. Der Wulst sollte etwas
dicker sein und ca. 1 cm über-
stehen.
5 ◆ Setzen Sie flache Lasierstiche und lasieren Sie noch-

mals Palmfaser ein, um die Vertiefung nach dem Abgarnieren wieder aufzufüllen. Geben Sie darüber zwei Lagen Polsterwatte. Die erste nur innerhalb, die zweite einschließlich der Kante.

6 ◆ Legen Sie Nessel in der Größe der Sitzfläche plus 8 cm Zugabe über die Polsterwatte. Sichern Sie den Nessel in der vorderen Mitte dicht unterhalb der Kante mit drei Polstersteckern. Streichen Sie ihn dann nach hinten aus und setzen Sie drei Nägel (13 mm, fein) provisorisch in die Hinterzarge. Schneiden Sie jetzt um die Lehnenholme ein. Sichern Sie den Nessel seitlich mit je drei Polstersteckern. Ziehen Sie den Nessel von der Mitte aus glatt und straff und setzen Sie weitere Polsterstecker, bis er an der Vorderseite ganz gesichert ist (s. u.). Ziehen Sie den Nessel hinten straff und nageln Sie ihn fest. Nähen Sie an der Frontseite eine Reihe verknüpfte Hinterstiche (s. u.).

7 ◆ Schneiden Sie den Bezugsstoff in der Größe der Sitzfläche plus 8 cm Zugabe zu. Bringen Sie ihn auf genau dieselbe Weise an wie den Nessel.

8 ◆ Schneiden Sie einen 12 cm breiten und ausreichend langen Streifen Bezugsstoff zu, der um die Vorderseite des Sessels reicht. Wahrscheinlich müssen Sie an jeder Seite ein Stück ansetzen, damit der Streifen lang genug wird. Schlagen Sie oben 2 cm ein, und ermitteln Sie die Mitte von Stoff und Sitzfront. Befestigen Sie den Stoffstreifen von der Mitte aus mit Polstersteckern (s. u. rechts) unmittelbar über der Naht.

9 ◆ Nähen Sie den Streifen mit einer 7,5 cm langen, gebogenen Nadel und gewachstem Handnähfaden im Matratzenstich an den Sitzbezug (s. S. 54). Unterlegen Sie die Schürze mit zwei Lagen zugeschnittener Diolenwatte und nageln Sie den unteren Stoffrand unter dem Sessel fest. Schneiden Sie um die Füße herum ein und nageln Sie die Falten fest. Zum Schluß decken Sie die Federn an der Rahmenunterseite mit Spannstoff ab.

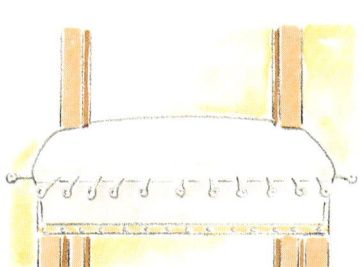

◆ *Nessel mit Polstersteckern sichern*

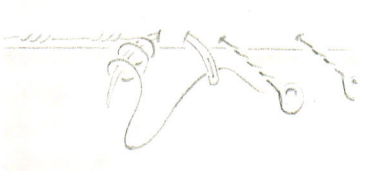

◆ *Der verknüpfte Hinterstich*

◆ *Bezugsstoff mit Polstersteckern sichern*

SESSELLEHNE

1 ◆ Legen Sie den Sessel auf den Rücken und bringen Sie zwischen Ober- und Unterzarge zwei, zwischen den Seitenzargen etwa in der Mitte der Rückenlehne einen Polstergurt an. Nageln Sie die Gurtung mit 13 mm langen, feinen Nägeln fest (s. S. 15).

2 ◆ Nageln Sie über der Gurtung Federleinen mit 13 mm langen, feinen Nägeln an. Setzen Sie dann von oben nach unten recht enge Lasierstiche, und lasieren Sie Palmfaser ein.

3 ◆ Decken Sie die Palmfaser mit zwei Lagen Polsterwatte ab. Die Polsterwatte sollte dabei keinesfalls über den Rahmenzargen liegen. Geben Sie über die Polsterwatte nun Diolenwatte, die auch den Rahmen bedecken sollte. Sichern Sie die Diolenwatte rundherum mit Nägeln, damit die Polsterung hält. Drehen Sie den Sessel wieder richtig herum.

4 ◆ Schneiden Sie den Bezugsstoff so groß zu, daß er Polsterung und Rahmen der Rückenlehne bedeckt, durch die Lücke zwischen Sitz und Lehne geführt und dann an der Hinterzarge des Sitzes festgenagelt werden kann. Legen Sie den Stoff so auf, daß das Muster fadengerade und mittig sitzt und mit dem Muster im Sitz übereinstimmt.

5 ◆ Setzen Sie drei Nägel (13 mm, fein) provisorisch in die obere Zarge. Streichen Sie den Stoff nach unten aus und nageln Sie ihn vorläufig außen an die Hinterzarge des Sitzes. Machen Sie die Einschnitte (s. S. 34).

6 ◆ Nageln Sie den Stoff in gleicher Weise provisorisch an den beiden Seitenzargen fest, und ziehen Sie ihn dabei immer wieder glatt. Arbeiten Sie an jeder Zarge von der Mitte aus, zuerst oben, dann an den Seiten und schließlich unten. Falten Sie die Ecken glatt (s. S. 36). Liegt der Stoff straff, glatt und fühlt er sich fest an, schlagen Sie die Nägel rundum ganz ein und schneiden Sie den Stoff dicht neben der Nagelreihe ab.

7 ◆ Jetzt können Sie die Rückseite der Lehne beziehen. Schneiden Sie ein Stück Nessel oder Spannstoff exakt in der Größe der Lehnenrückseite zu. Befestigen Sie es rundum etwa 1 cm vom Rand entfernt. Schneiden Sie nun ein Stück Bezugsstoff in derselben Größe plus 1,5 cm Saumzugabe zu. Schlagen Sie 1,5 cm ein und stecken Sie den Stoff am oberen Rand

◆ *Gesteckter Sesselrücken*

fest. Setzen Sie alle 2 cm eine Stecknadel. Ziehen Sie den Stoff zur Unterseite des Sessels und nageln Sie ihn fest. Stecken Sie dann beide Seiten. Jetzt sollte der Sesselrücken aussehen wie auf der Zeichnung unten. Nähen Sie ringsum mit einer 7,5 cm langen gebogenen Nadel und gewachstem oder Handnähfaden Matratzenstiche (s. S. 54). An den Beinen wird der Stoff eingeschnitten, untergeschlagen und mit einem angeschliffenen Nagel fixiert.

8 ◆ Jetzt können Sie mit Matratzenstichen die Schmuckkordel auf die Nähte, die Sie sowohl am Sesselrücken wie auch unter der abgarnierten Kante geschaffen haben, aufbringen. Decken Sie die Kordel vor dem Nähen mit etwas Klebeband ab. Das verhindert, daß sie aufläuft. Verwenden Sie eine 7,5 cm lange Kordelnadel und gewachsten oder Handnähfaden in ausreichender Länge. Wenn Sie die Kordel um die Sitzkante nähen, verstecken Sie die beiden Enden zwischen den Nähten am Sesselrücken. Anfang und Ende der Kordel am Sesselrücken verdeckt später die Fransenborte.

9 ◆ Nähen Sie nun die Fransenborte an die untere Sesselkante, um die Beine zu verstecken. Schlagen Sie die Borte etwas ein und sichern Sie sie in der hinteren Mitte mit einem angeschliffenen Nagel. Stecken Sie die Borte zuerst, damit sie gerade sitzt. Schlagen Sie abschließend das Ende ein und fixieren Sie es mit einem angeschliffenen Nagel.

KNOPFHEFTUNG

Die Knopfheftung ist eine traditionelle Polstermethode,
mit der Sie Ihrem Möbel Tiefe und Form verleihen können.
Beim Raumausstatter können Sie Knöpfe mit
einem Stoff Ihrer Wahl beziehen lassen.

Die Lage der Knöpfe bestimmen

Haben Sie in die Lehne Ihres Möbels Palmfaser einlasiert und die Kante abgarniert,
können Sie auf dem Fassonleinen die Anordnung der Knöpfe markieren.

Normalerweise ordnet man die Knöpfe versetzt an,
damit die Falten dazwischen ein Sternmuster erge-
ben. Die Knöpfe müssen in gerader Linie und in regelmäßigen Abständen angebracht werden. Ermitteln Sie die Mitte der Rückenlehne und markieren
Sie sie mit Schneiderkreide. Stecken Sie zunächst
Polsterstecker dorthin, wo später die Knöpfe sitzen
sollen (siehe Abbildung auf der nächsten Seite).
Denken Sie schon jetzt daran, daß die Entfernung
zwischen der untersten Knopfreihe und dem Sitz etwas größer sein sollte als die Entfernung zwischen
der obersten Knopfreihe und dem Lehnenende.

Gefällt Ihnen die Anordnung der Polsterstecker,
ziehen Sie sie wieder heraus und markieren die Stellen mit einem kleinen Loch. Stechen Sie nun mit
dem Haarzieher durch jedes Loch im Fassonleinen
und das Federleinen auf der Rückseite und markieren Sie die Punkte am Federleinen mit Filzstift. Halten Sie den Haarzieher ganz gerade. Zeichnen Sie
danach die Anordnung der Knöpfe auf Papier und
messen Sie die Abstände zwischen den Knöpfen.

Geben Sie eine erste Lage Polsterwatte über das
Fassonleinen. Bohren Sie an den Stellen, wo die
Knöpfe sitzen sollen, mit dem Finger ein Loch in die
Watte, bis Sie das Loch im Fassonleinen fühlen kön-
nen. Wiederholen Sie dasselbe bei zwei weiteren
Lagen Polsterwatte. Schließen Sie die Polsterung
mit einer Lage passend zugeschnittener Diolenwatte

(280 g) ab. Schneiden Sie an den Stellen für
die Knöpfe kleine Löcher in die Diolenwatte
und prüfen Sie mit dem Finger, ob Sie das
Loch im Fassonleinen darunter spüren. Fixieren Sie die Diolenwatte mit einigen 13 mm
langen, feinen Nägeln an der oberen und den seitlichen Zargen, damit sie nicht verrutscht, wenn Sie
die Knöpfe aufbringen.

Den Bezugsstoff markieren

Die Größe des Bezugsstoffs bestimmen Sie folgen-
dermaßen: Messen Sie von der Oberzarge über die
Polsterung bis unter die Unterzarge. Geben Sie pro
Knopfreihe 2 cm zu. Messen Sie die Breite aus, und
geben Sie 4 cm pro Reihe zu. Schneiden Sie den Stoff
entsprechend zu und legen Sie ihn mit der linken
Seite nach oben aus. Markieren Sie die Mitte.

Messen Sie nun von der Oberzarge über die Polsterung bis tief ins erste Loch der ersten Knopfreihe
hinein. Tragen Sie diesen Abstand vom oberen Stoffrand ab und ziehen Sie in dieser Höhe mit Schneiderkreide eine gerade Linie quer über den Stoff.
Messen Sie auf Ihrer Papierzeichnung den vertika-
len Abstand zwischen den Knopfreihen und geben
Sie 2 cm zu. Ziehen Sie unter der ersten Linie in diesem Abstand eine zweite Linie über den Stoff. Wiederholen Sie das bei jeder Reihe. Markieren Sie auf
diesen Linien die Position der Knöpfe. Geben Sie
zu den Maßen auf Ihrer Zeichnung je 4 cm Abstand
zwischen den Knöpfen zu. Beginnen Sie mit dem
mittleren Knopf und arbeiten Sie nach außen hin.

◆ *Die Anordnung der Knöpfe markieren (rechts)*

ANORDNUNG DER KNÖPFE MARKIEREN

BEZUGSSTOFF MARKIEREN

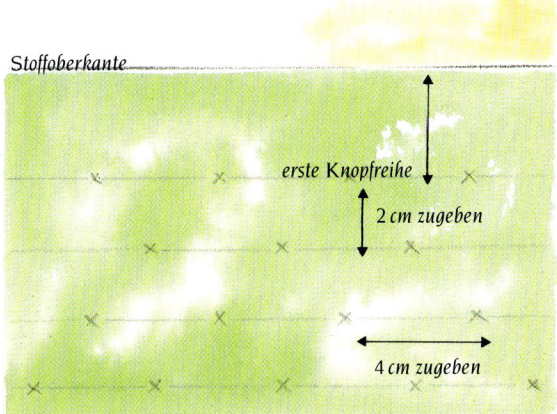

◆ Die Knöpfe, wie hier dargestellt, in geraden Linien und in regelmäßigen Abständen anordnen. Der Abstand zwischen der untersten Knopfreihe und dem Sitz sollte etwas größer sein als zwischen der obersten Reihe und dem Lehnenende.

◆ Mit Schneiderkreide den zuvor ermittelten Maßen entsprechend Linien auf dem Bezugsstoff ziehen. Dabei zwischen den Reihen in der Höhe jeweils 2 cm und in der Breite je 4 cm zugeben. Auf diesen Linien die Position der Knöpfe markieren.

Die Knopfheftung

Zur Knopfheftung brauchen Sie eine 30 cm lange Doppelspitznadel, genügend Knöpfe, ebensoviele 40 cm lange Stränge Tuftingzwirn aus Nylon und eine gleiche Anzahl kleiner Abschnitte Möbelgurt.

Ziehen Sie einen Knopf auf den Zwirn und fädeln Sie dann beide Zwirnenden durch das Nadelöhr. Beginnen Sie mit dem mittleren Knopf in der untersten Reihe. Bringen Sie die markierte Stelle auf dem Stoff mit der richtigen Position des Knopfes auf dem Sessel zur Deckung. Stechen Sie mit der Nadel durch Stoff und Polsterung und an der entsprechenden Markierung auf dem Federleinen an der Rückseite wieder aus. Ziehen Sie beide Fäden durch, legen Sie ein kleines Stück aufgerollten Möbelgurts zwischen die Fäden, knüpfen Sie einen Zugknoten (s. S. 18) und ziehen Sie ihn etwas fest. Wiederholen Sie dies bei allen Knöpfen der untersten und der nächsten Reihe. Legen Sie den Stoff zwischen den Knöpfen in Falten. Nehmen Sie dabei das flache Ende des Haar-

◆ *Die Knöpfe auf dem Bezugsstoff annähen (oben)*

ziehers zu Hilfe. Alle Falten sollten nach unten zeigen. Setzen Sie dies in jeder weiteren Reihe fort, bis alle Knöpfe fest sitzen und alle Falten glatt liegen.

Ziehen Sie den Stoff über Ober- und Seitenzargen straff, nageln Sie ihn provisorisch fest. Legen Sie von jedem Knopf aus zu den Ecken hin glatte Falten. Schneiden Sie an den Lehnenholmen ein (s. S. 34).

Schlagen Sie den Stoff am unteren Rand zurück. Schneiden Sie von den Knöpfen zum Sitz hin gerade Schlitze in die Diolenwatte. Legen Sie den Stoff wieder über die Watte und ziehen Sie ihn unter der Unterzarge zwischen Lehne und Sitz hindurch. Legen Sie Falten und stecken Sie sie in die Spalten.

Paßt die Lage der Falten, ziehen Sie den Stoff straff und schlagen Sie die Nägel zuerst an der Unterzarge, dann an Ober- und Seitenzargen ganz ein. Ziehen Sie die Knoten an der Lehnenrückseite fest an und fixieren Sie sie mit Doppelknoten.

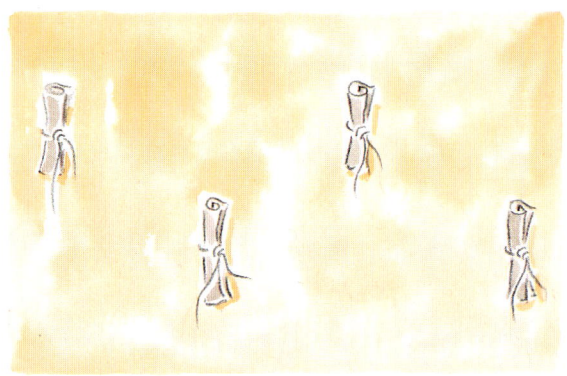

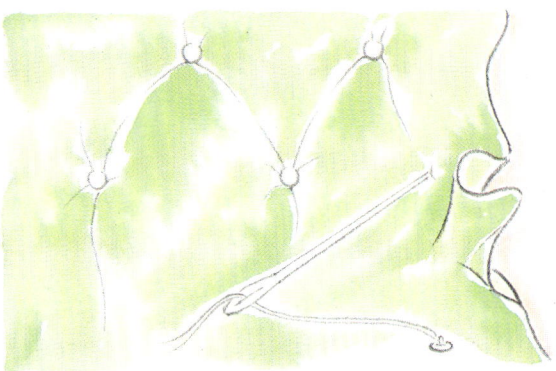

1 ◆ Einen Knopf auf Tuftingzwirn und diesen dann doppelt in eine Doppelspitznadel fädeln. Beginnend beim mittleren Knopf jeder Reihe, durch Stoff und Polsterung und an der Markierung auf der Rückseite heraus stechen. Eine kleine Möbelgurtrolle zwischen die Fäden legen, einen Zugknoten knüpfen und straffziehen.

2 ◆ Den Stoff während des Heftens zwischen den Knöpfen in glatte Falten legen. Alle Falten sollten nach unten zeigen. Bei jeder Reihe genau so fortfahren, bis alle Knöpfe angeheftet sind.

3 ◆ Den Bezugsstoff provisorisch an Ober- und Seitenzargen nageln. Den Stoff unterhalb der unteren Knopfreihe zurückschlagen und die Diolenwatte von den Knöpfen zum Sitz einschneiden. Den Stoff nun wieder über die Watte legen und die Falten mit dem Haarzieher in die Spalten drücken.

4 ◆ Paßt die Lage der Falten, den Stoff straffziehen und die Nägel rings um den Rahmen ganz einschlagen. Die Knoten an der Rückseite der Lehne festziehen und Doppelknoten in den Tuftingzwirn schlingen, damit er nicht wieder aufläuft.

ZUGEKNÖPFT

Diese Chaiselongue ist auf den ersten Blick ein
recht ehrgeiziges Projekt, aber mit den Techniken, die Sie bereits
beherrschen, sowie einer neuen – der Knopfheftung –
können Sie sich getrost daranwagen.

GRÖSSE

Die fertige Chaiselongue ist 70 cm tief, 180 cm lang und 90 cm hoch.

SIE BENÖTIGEN

27 m Möbelgurt

verstärkte Nägel, 16 mm und 13 mm lang

12 x 10 cm Lehnensprungfedern, Stärke 12

Garnierfaden

3 m Federleinen (375 g)

8–9 kg Palmfaser

3 m Fassonleinen

10 m Polsterwatte

Diolenwatte: 3 m (280 g) und 2 m (60 g)

feine Nägel, 13 mm und 10 mm lang

5,5 m Bezugsstoff

Nylontuftingtwist

57 stoffbezogene Knöpfe

25 x 17,5 cm Sitzsprungfedern, Stärke 9 oder 10

Kederschnur

3 m Nessel

50 Quadratzentimeter Buckramleinen

Textilkleber

eine Quaste mit angesetzter Rosette

1 m passende Kordel

angeschliffene Nägel

6 m Borte oder Litze

2 m Spannstoff

DIE SEITENLEHNE

1 ◆ Schlagen Sie den Rahmen ab und bereiten Sie ihn vor: Füllen Sie alte Nagellöcher und reparieren Sie lose Verbindungen (s. S. 12). Stellen Sie die Chaiselongue auf zwei stabile Tischböcke. Spannen Sie nun im Abstand von je etwa 4–5 cm sieben Streifen Möbelgurt von einer Rahmenzarge zur anderen. Befestigen Sie sie mit 16 mm langen, verstärkten Nägeln.

2 ◆ Plazieren Sie zwölf 10 cm hohe Sprungfedern in vier Reihen zu je drei Federn auf der Gurtung. Die Federknoten müssen zur Rahmenmitte zeigen. Befestigen Sie sie wie üblich auf der Gurtung (s. S. 46). Schnüren Sie die Federn wie bereits gezeigt; verwenden Sie aber statt Schnür- Garnierfaden (s. S. 48).

3 ◆ Befestigen Sie Federleinen mit 13 mm langen, verstärkten Nägeln über den Federn und nähen Sie die Federn mit Federnadel und Garnierfaden ans Leinen.

4 ◆ Setzen Sie von oben nach unten fortlaufend lose Lasierstiche, die eine Palmfaserauflage von 10–12,5 cm ermöglichen. Lasieren Sie, wieder von oben nach unten, immer nur eine Handvoll Palmfaser auf einmal unter und um jeden Lasierstich herum. Achten Sie darauf, daß die Faser am Ende gleichmäßig und lückenlos verteilt ist (s. S. 19).

5 ◆ Befestigen Sie Fassonleinen mit 13 mm langen, verstärkten Nägeln über der Palmfaser (s. S. 20). Das Fassonleinen fadengerade der Rahmenform anzupassen, erfordert Zeit und Geduld. Nageln Sie es rundum provisorisch fest. Gefällt Ihnen die Form, sitzt es straff und fadengerade, schlagen Sie die Nägel ganz ein. Fixieren Sie die Palmfaser durch mehrere große Vorderstiche auf dem Fassonleinen und garnieren Sie die Kante mit zwei Reihen verknüpfter Hinterstiche und einer Reihe Garnierstichen ab (s. S. 24).

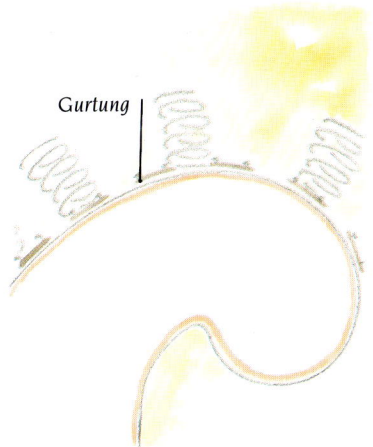

◆ *Gurtung und Federn anbringen*

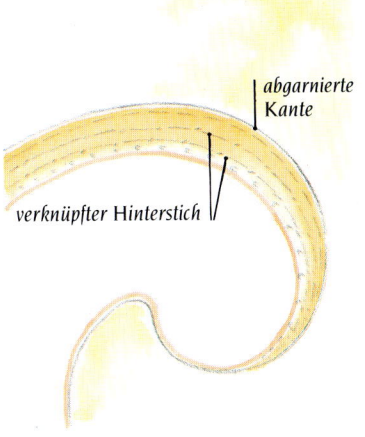

◆ *Die Kante abgarnieren*

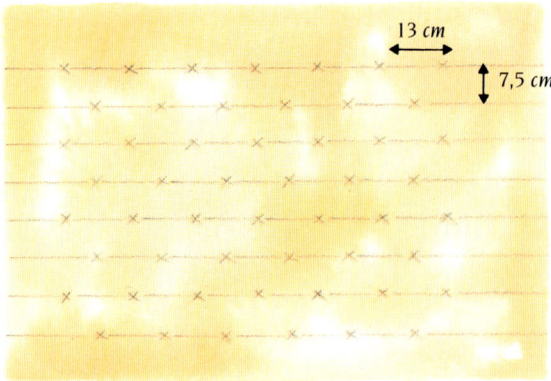

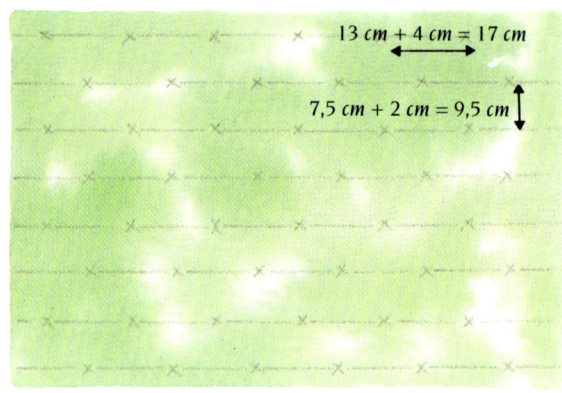

◆ *Knopfpositionen auf dem Fassonleinen der Seitenlehne markieren*   ◆ *Knopfpositionen auf dem Bezugsstoff der Seitenlehne markieren*

6 ◆ Jetzt können Sie die Knopf-positionen auf der Seitenlehne markieren. Orientieren Sie sich an der Zeichnung oben und markieren Sie die Stellen für die Knöpfe mit Polsersteckern (s. S. 60). Zeichnen Sie ein Schema der Knopfpositionen.

7 ◆ Geben Sie drei Lagen Pol-sterwatte auf das Fassonleinen und bringen Sie in jeder Schicht für jeden Knopf ein Loch an (s. S. 60). Geben Sie darüber eine Lage Diolenwatte (280 g) und schnei-den Sie wieder Löcher an den Stellen der Knöpfe. Fixieren Sie die Watte mit 13 mm langen, feinen Nägeln an Ober- und Seitenzargen.

8 ◆ Schneiden Sie den Bezugs-stoff 110 cm breit und 160 cm lang zu. Markieren Sie die linke Stoffseite anhand Ihres Schemas plus die nötigen Zugaben.

9 ◆ Befestigen Sie die Knöpfe mit einer 30 cm langen Doppel-spitznadel und Tuftingzwirn. Beginnen Sie mit dem mittleren Knopf in der untersten Reihe, und arbeiten Sie von da aus nach oben, immer an zwei Reihen

zugleich (s. S. 63). Ziehen Sie den Zugknoten hinter jedem Knopf nur gerade so weit an, daß der Knopf tief sitzt, aber von vorne noch sichtbar ist. Ziehen Sie zu fest, verschwindet der Knopf in der Polsterung! Legen Sie die Falten zwischen den Knöpfen mit Sorgfalt und achten Sie darauf, daß sie stets nach unten zeigen.

10 ◆ Legen Sie die Falten von den Knöpfen zum Stoffrand, und fixieren Sie sie in der Mitte der Vorderzarge provisorisch mit feinen Nägeln (13 mm). Schnei-den Sie um die Verbindung von Rücken- und Seitenlehne ein und nageln Sie den Stoff provi-sorisch an die Hinterzarge. Le-gen und nageln Sie jetzt die Fal-ten vorläufig an die Oberzarge. Das ist knifflig, nageln Sie also nur, wo unbedingt nötig. Schla-gen Sie den Stoff unten zurück und schneiden Sie die Diolen-watte von den Knöpfen abwärts ein. Ziehen Sie den Stoff dar-über und unter der Unterzarge hindurch. Legen Sie die Falten, aber nageln Sie sie noch nicht

fest. Setzen Sie zuerst von der Mitte nach unten, dann nach oben entlang der Schnecke wei-tere Nägel in die Vorderzarge. Legen Sie die Falten sorgfältig alle in eine Richtung. Liegen die Falten gut, schlagen Sie die Nä-gel an Vorder- und Hinterzarge, nicht aber an Ober- und Unter-zarge, ganz ein. Schneiden Sie überstehenden Stoff ab, wo es nötig erscheint. Sichern Sie die Knopffäden an der Rückseite mit Doppelknoten.

◆ *Die Falten an der Schnecke legen*

DIE RÜCKENLEHNE

1 ◆ Legen Sie das Möbelstück flach auf die Rücklehne. Schneiden Sie Federleinen in der Größe der Rückenlehne plus 12 mm Zugabe zu. Befestigen Sie es mit 13 mm langen, feinen Nägeln (s. S. 16).

2 ◆ Setzen Sie von oben nach unten Lasierstiche für eine 7,5 bis 10 cm dicke Palmfaserauflage. Legen Sie das Möbel wieder auf die Böcke. Lasieren Sie Palmfaser fest ein. Befestigen Sie darüber sorgfältig das zuvor in Form geschnittene Fassonleinen mit 13 mm langen, feinen Nägeln. Das Leinen muß unbedingt fadengerade liegen, schlagen Sie die Nägel also an Ober- und Unterzarge von der Mitte aus nur vorläufig ein. Folgen Sie der Rahmenform und halten Sie so viel Abstand vom Falz, daß noch Platz zum Annageln des Bezugsstoffs bleibt. Setzen Sie mehrere große Vorderstiche, bevor Sie mit zwei Reihen verknüpftem Hinterstich und einer Reihe Garnierstiche die Kante abgarnieren.

3 ◆ Markieren Sie die Position der Knöpfe nach der Zeichnung unten mit Polsterteckern. Wenn Ihnen die Anordnung gefällt, entfernen Sie die Stecker und markieren die Stellen mit Schneiderkreide (s. S. 60). Geben Sie zwei Lagen Polsterwatte darüber und bringen Sie in Höhe der Knöpfe Löcher an. Darauf kommt nun eine Lage Diolenwatte (280 g), in die Sie wiederum Löcher schneiden (s. S. 60). Fixieren Sie die Diolenwatte mit 13 mm langen, feinen Nägeln.

4 ◆ Schneiden Sie zwei Stücke Bezugsstoff für die Rückenlehne zu: Das größere sollte 135 cm breit und 75 cm lang, das kleinere 55 cm breit und 45 cm lang sein. Achten Sie vor dem Zuschneiden auf den Rapport, so daß das Muster an den Schnittkanten übereinstimmt. Markieren Sie jetzt die Stoffrückseite anhand Ihres Schemas und rechnen Sie die erforderlichen Zugaben mit ein (s. S. 60).

5 ◆ Heften Sie nun, immer an zwei Reihen zugleich, beginnend mit dem obersten Knopf, die Knöpfe auf und legen Sie die Falten (s. S. 63). Schlagen Sie den Stoff an den Stoßkanten beim Heften der Knöpfe einfach ein. Achten Sie auf den Musterrapport.

6 ◆ Drehen Sie das Möbel wieder auf den Rücken. Legen Sie oben die Falten von den Knöpfen zum Rand hin. Nageln Sie sie von der Mitte aus mit 13 mm langen, feinen Nägeln vorläufig fest. Schneiden Sie überstehenden Stoff dabei ab. Passen die Falten, schlagen Sie die Nägel an der Oberzarge ganz ein und kürzen Sie überstehenden Stoff. Drehen Sie die Chaiselongue wieder richtig herum, schlagen Sie den Stoff unterhalb der unteren Knopfreihe um. Schneiden Sie die Diolenwatte von den Knöpfen abwärts ein. Ziehen Sie den Stoff unter der Unterzarge hindurch und legen Sie dabei die Falten. Nageln Sie noch nicht fest. Sichern Sie die Fäden hinter den Knöpfen mit Doppelknoten.

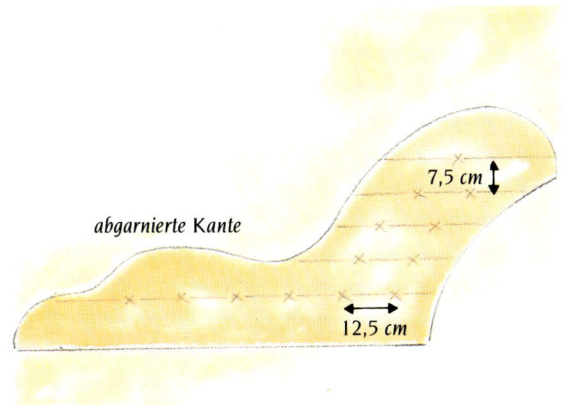

abgarnierte Kante

7,5 cm

12,5 cm

◆ *Knopfpositionen auf dem Fassonleinen der Rückenlehne markieren*

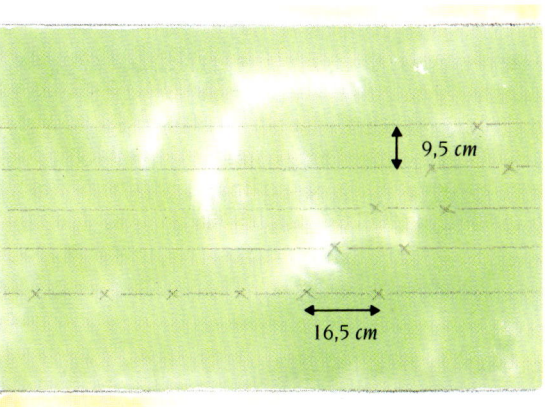

9,5 cm

16,5 cm

◆ *Knopfpositionen auf dem Bezugsstoff der Rückenlehne markieren*

DER SITZ

1 ◆ Legen Sie das Möbel umgekehrt auf den Boden oder auf Böcke. Befestigen Sie mit verstärkten Nägeln (16 mm) 15 Streifen Möbelgurt quer und 6 längs am Rahmen (s. S. 14).

2 ◆ Drehen Sie das Möbelstück wieder um und befestigen Sie 24 x 17,5 cm hohe Sprungfedern mit Garnierfaden und einer Federnadel auf der Gurtung (s. S. 46). Plazieren Sie die Federn in drei Reihen zu acht Federn. Schnüren Sie die Federn von hinten nach vorne, dann von rechts nach links mit Schnürfaden. Am Ende sollte der Sitz eine einheitliche Höhe haben und nur zu den Seiten hin leicht abfallen.

3 ◆ Bringen Sie Federleinen über den Federn an (s. S. 16) und befestigen Sie die Federn jeweils mit drei Stichen einer Federnadel mit Garnierfaden am Leinen.

4 ◆ Setzen Sie von hinten nach vorne Lasierstiche (s. S. 19): auf der Sitzfläche engere, zum Rand und nach vorne hin jedoch losere, die mehr Polsterung fassen können. Lasieren Sie Palmfaser fest und ohne Lücken ein. Die Polsterung sollte sich dick und fest anfühlen und am Ende eine einheitliche Höhe haben.

5 ◆ Schneiden Sie Fassonleinen so zu, daß es die Polsterung bedeckt. Legen Sie es auf und schneiden Sie es mit genügend Saumzugabe grob in Form. Nageln Sie es vorne und hinten, dann seitlich mit 13 mm langen, verstärkten Nägeln vorläufig fest und schneiden Sie um die Rahmenholme ein (s. S. 34). Setzen Sie nun, der Rahmenform folgend, an jeder Zarge von der Mitte aus weitere Nägel. Ziehen Sie das Leinen dabei fadengerade in Form. Legen Sie an den Rundungen kleine Falten. Paßt die Sitzform, schlagen Sie die Nägel ganz ein und kürzen überstehenden Stoff. Nähen Sie von der einen Seite zur anderen zwei Reihen langer Vorderstiche auf den Sitz.

6 ◆ Garnieren Sie die Kante mit zwei Reihen verknüpfter Hinterstiche und einer Reihe Garnierstiche ab. Verziehen Sie die Polsterung dabei gut. Setzen Sie von vorne nach hinten flache Lasierstiche auf das Fassonleinen. Lasieren Sie Palmfaser in die entstandene Vertiefung. Geben Sie über Palmfaser und Kante zwei Lagen Polsterwatte.

7 ◆ Schneiden Sie ein Stück Nessel so groß zu, daß es den Sitz abdeckt, und befestigen Sie es mit 13 mm langen, feinen Nägeln (s. S. 27) zunächst vorläufig an Hinter- und Vorderzarge. Schneiden Sie dann um die Rahmenholme herum ein. Streichen Sie den Nessel von der Mitte aus glatt und nageln Sie ihn vorläufig an Vorder- und Seitenzargen. Ziehen Sie den Nessel dabei zusehends straffer. Legen Sie an Rundungen wie beim Fassonleinen kleine Falten. Sitzt der Nessel straff genug, schlagen Sie die Nägel ganz ein und kürzen überstehenden Stoff.

8 ◆ Geben Sie eine Lage Diolenwatte (60 g) über den Nessel. Schneiden Sie Bezugsstoff einmal 137 cm breit, 110 cm tief, und zweimal 40 cm breit, 110 cm tief, zu. Die beiden kleineren Stücke müssen mit der Maschine an das große genäht werden, achten Sie also beim Zuschneiden auf den Musterrapport. Setzen Sie die beiden kleinen Stücke passend an. Legen Sie nun den Bezug über die Diolenwatte, und plazieren Sie die Mustermitte beim Sitz in einer Linie mit der Mustermitte bei der Seitenlehne. Befestigen Sie den Bezugsstoff mit 10 mm langen, feinen Nägeln wie den Nessel – nageln Sie ihn zunächst vorläufig fest und legen Sie die Rundungen in kleine Falten. Schlagen Sie die Nägel ganz ein und schneiden Sie überstehenden Stoff ab.

Abschließende Arbeiten

1 ◆ Befestigen Sie nun an der Rückenlehne der Chaiselongue den Stoff mit 13 mm langen, feinen Nägeln an der Unterzarge. Achten Sie auf geraden Sitz der Falten. Wiederholen Sie dasselbe an der Seitenlehne. Schlagen Sie die Nägel ganz ein und kürzen Sie überstehenden Stoff.

2 ◆ Drehen Sie das Möbel um und nageln Sie den Stoff an die Oberzarge der Seitenlehne. Achten Sie auf gerade sitzende Falten. Schlagen Sie die Nägel ganz ein und kürzen Sie den Stoff. Drehen Sie das Möbelstück wieder um.

3 ◆ Schneiden Sie Nessel in der Größe der Rückenlehne zu und befestigen Sie ihn mit 10 mm langen, feinen Nägeln. Halten Sie ca. 12 mm Abstand zum Rahmenfalz, damit Sie den Bezugsstoff noch aufnageln können. Schlagen Sie die Nägel ganz ein und kürzen Sie den Nessel.

4 ◆ Schneiden Sie Bezugsstoff in der Größe der Rückenlehne zu. Befestigen Sie ihn wie den Nessel mit 10 mm langen, feinen Nägeln. Damit der Stoff fadengerade bleibt, schlagen Sie zuerst drei Nägel vorläufig in die Oberzarge, ziehen Sie den Stoff dann unter das Möbel und nageln Sie ihn dort fest. Nageln Sie nun von der Mitte aus an Ober- und Unter-, dann an den Seitenzargen. Nägel ganz einschlagen und Stoff kürzen. Wo Seiten- und Rückenlehne zusammentreffen, verbinden Sie die Stoffteile mit Matratzenstichen (s. S. 54).

5 ◆ Schneiden Sie Nessel so zu, daß er die Unterseite der Seitenlehne bedeckt. Nageln Sie ihn an die Seitenzargen und die Unterseite des Möbels. Befestigen Sie ihn am oberen Rand mit Matratzenstichen. Schneiden Sie ein Stück Bezugsstoff in derselben Größe plus 2,5 cm Saumzugabe

zu. Nageln Sie den Stoff an Vorder- und Unterzarge und befestigen Sie ihn mit Matratzenstichen am oberen und hinteren Rand.

6 ◆ Arbeiten Sie jetzt den Besatz für die Schnecke der Seitenlehne. Kordel und Quaste bilden ein recht kunstvolles Stück. Fertigen Sie einen Papierschnitt des unteren Teils der Schnecke (Teil A in der Zeichnung unten, bis zur gestrichelten Linie). Schneiden Sie Karton oder steifes Buckramleinen entsprechend zu und geben Sie Diolenwatte (60 g) darauf. Beziehen Sie alles mit passend (plus 2 cm Saumzugabe) zugeschnittenem Stoff. Kleben Sie den Stoff auf der Rückseite mit Textilkleber fest. Bringen Sie den Besatz im Matratzenstich auf.

7 ◆ Schneiden Sie nun aus Karton oder steifem Buckramleinen einen 22,5 cm breiten Kreis.

Schneiden Sie einen Streifen Bezugsstoff 12,5 cm breit und 75 cm lang zu und kleben Sie den Stoff mit eingeschlagenen Kanten von hinten um den äußeren Rand des Kreises. Befestigen Sie den Kreis mit vier 13 mm langen, feinen Nägeln auf der Rundung der Schnecke. Geben sie nun einen passenden Kreis Diolenwatte auf das Buckram und schlagen Sie den Stoff über. Legen Sie den Stoff zur Mitte hin in Falten und fixieren Sie die Falten dicht an dicht mit je einem 13 mm langen, feinen Nagel. Schlagen Sie die Nägel ein und kürzen Sie den Stoff. Befestigen Sie den Kreis am Rand sowie in dessen Mitte die Quaste mit Rosette im Matratzenstich. Nähen Sie die Kordel um den Rand der Schnecke und sichern Sie sie an Anfang und Ende mit einem angeschliffenen Nagel.

8 ◆ Decken Sie die Stoffkanten mit Borte oder Litze ab (s. S. 29). Drehen Sie das Möbelstück zum Schluß um und befestigen Sie Spannstoff über der Gurtung.

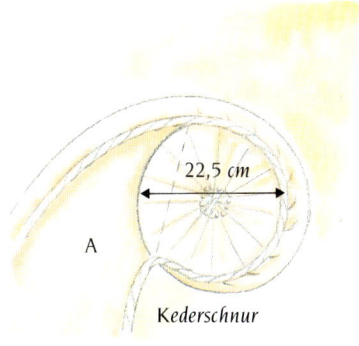

◆ *Den Bezugsstoff über den gepolsterten Kreis falten*

REGISTER

BEZUGSQUELLEN

Material und Werkzeug für die Arbeiten in diesem Buch wurden von der Firma Traditions, Surrey, zur Verfügung gestellt, sowie von Wemyss Houlès, Henry Newberry & Co Ltd.
Die Stoffe kommen von den folgenden Firmen: Designers Guild, G P & J Baker Ltd, Dovedale Fabrics, Zoffany Ltd, Romo Fabrics, Warner Fabrics PLC
Vergleichbare Materialien finden Sie bei Ihrem Fachhändler.